"十四五"国家重点出版物出版规划项目

航天先进技术研究与应用系列

有源模拟滤波器设计

郭丽华　主编

哈尔滨工业大学出版社

内容简介

本书主要阐述了滤波器的基本理论和有源模拟的滤波器设计方法,全书共10章。第1章介绍了滤波器的类型以及描述滤波器的主要参数;第2章介绍了滤波器的基本理论,包括滤波器的典型传递函数、频率响应、频率变换等内容;第3章讨论了元器件数值变化对滤波器参数的影响,即元件灵敏度;第4章至第7章讨论了如何进行有源滤波器的设计,包括低通、高通、带通、带阻滤波器;第8章介绍了有源集成滤波器的使用方法,包括常用的集成连续时间滤波器和开关电容滤波器;第9章介绍了常用的模拟滤波器设计软件;第10章讨论了有源滤波器中所使用的运算放大器的特性。

本书可作为高等学校电子信息工程、通信工程、雷达、声呐等专业本科生、研究生教材,也可作为从事这些专业的工程设计人员和科学研究人员的参考用书。

图书在版编目(CIP)数据

有源模拟滤波器设计/郭丽华主编. —哈尔滨:
哈尔滨工业大学出版社,2024.1(2024.4 重印)
 ISBN 978 - 7 - 5767 - 1193 - 6

 Ⅰ.①有… Ⅱ.①郭… Ⅲ.①有源滤波器—模拟
滤波器—设计—高等学校—教材 Ⅳ.①TN713

 中国国家版本馆 CIP 数据核字(2024)第 029498 号

策划编辑 杨秀华
责任编辑 杨秀华
封面设计 刘 乐
出版发行 哈尔滨工业大学出版社
社 址 哈尔滨市南岗区复华四道街 10 号 邮编 150006
传 真 0451 - 86414749
网 址 http://hitpress.hit.edu.cn
印 刷 哈尔滨市颉升高印刷有限公司
开 本 787mm×1092mm 1/16 印张 13.25 字数 311 千字
版 次 2024 年 1 月第 1 版 2024 年 4 月第 2 次印刷
书 号 ISBN 978 - 7 - 5767 - 1193 - 6
定 价 88.00 元

前　　言

　　模拟滤波器是信号预处理的基本组成部分,在电子学的发展中起着重要的作用。尤其是在电子信息工程、通信、水声工程、仪器仪表等领域,滤波器在许多技术突破中显得至关重要,甚至有些国际知名公司专门开发出相应的滤波器产品,价格不菲。可以说滤波器是除运算放大器以外应用最为广泛的技术之一,模拟滤波器的小型化在现代电子设计中越来越重要。在低频段,由无源元件设计的滤波器中使用了电感元件,因此体积、质量较大,同时也带来感应、干扰、调试困难等一系列问题。而有源模拟滤波器恰好解决了这些问题,使得电路体积大幅度缩小、调试更为简单、电路更加稳定,因此有源滤波器设计在现在电子设计中具有广泛的应用。

　　本书讨论了滤波器的类型和参数,包括低通、高通、带通、带阻、全通滤波器的截止频率、边界频率、中心频率、品质因数等参数意义以及各种类型滤波器的幅频特性、相频特性、群时延等,同时对典型的滤波器特性进行了讨论,如巴特沃斯、切比雪夫、椭圆、贝塞尔滤波器,给出了这些滤波器传递函数设计方法,以及它们的通带、过渡带、阻带的幅频特性和相频特性。在有源滤波器设计章节中讨论了低品质因数和高品质因数有源滤波器设计方法,同时这些滤波器给出了典型的设计电路,如压控电源型、多路负反馈型、双二次型、陶托马斯、KNH、AM 等电路结构元器件参数和选择方法,以及元器件参数在环境温湿度变换时对滤波器参数的影响。由运算放大器和电阻电容构成的滤波器,在某些应用场合会觉得电路的规模和体积稍大一些。本书也对市场上主流的模拟集成滤波器使用方法进行了介绍,尤其是在声呐设备中用到的集成滤波器。由于进行滤波器设计时,元件参数的计算量较大,为此本书对基于运算放大器、电阻和电容设计的有源模拟滤波器软件与基于集成滤波器芯片而设计的滤波器软件的使用方法和注意事项进行了详细的介绍。

　　使用本书的有源滤波器设计人员应具备信号与系统、电路基本理论、模拟电子技术等基础知识的储备,这样在阅读本书时能够得心应手。

　　虽然本书的部分内容试用过,但还会存在疏漏或不妥之处,衷心地希望各位读者能给予批评与指正。

编　者

2023 年 11 月

目　　录

第1章　滤波器类型与参数

1.1　滤波器类型

根据通带的频率范围,滤波器可分为低通滤波器、高通滤波器、带通滤波器、带阻滤波器、组合滤波器。

1.1.1　低通滤波器

低通(low pass,LP)滤波器的功能是让从直流到截止频率的低频分量通过,同时衰减高频分量。这类滤波器用截止频率 ω_c、阻带(stop band,SB)频率 ω_s、直流增益、通带(pass band,PB)纹波和阻带衰减等技术指标说明。滤波器的通带定义为频率范围 $0 \leqslant \omega \leqslant \omega_c$,阻带为频率范围 $\omega \geqslant \omega_s$,过渡带(transition band,TB)为频率范围 $\omega_c < \omega < \omega_s$。注意,作为一个低通滤波器的低端频率一定是 $\omega = 0$,即包括直流这一点,否则不是严格意义上的低通滤波器(图 1.1)。

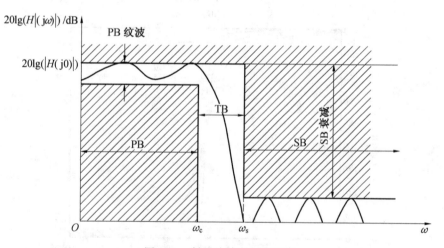

图 1.1　低通滤波器频率响应

典型的二阶低通滤波器的传递函数为

$$H_{LP}(s) = \frac{H_{OLP}\omega_0^2}{s^2 + \dfrac{\omega_0}{Q}s + \omega_0^2} \tag{1.1}$$

幅频特性为

$$H(\omega) = H_{OLP} \times \sqrt{\frac{\omega_0^4}{\omega^4 + \omega^2\omega_0^2\left(\left(\dfrac{1}{Q}\right)^2 - 2\right) + \omega_0^4}} \tag{1.2}$$

相位特性为

$$\theta(\omega) = -\arctan \frac{\omega_0 \omega}{Q(\omega_0^2 - \omega^2)} \tag{1.3}$$

按照这两个公式计算出的对应不同的 α 值(阻尼系数 $\alpha = Q^{-1}$)的幅频特性曲线与相位频率特性曲线如图 1.2 所示。注意图的横坐标是相对 ω_0 归一化的。

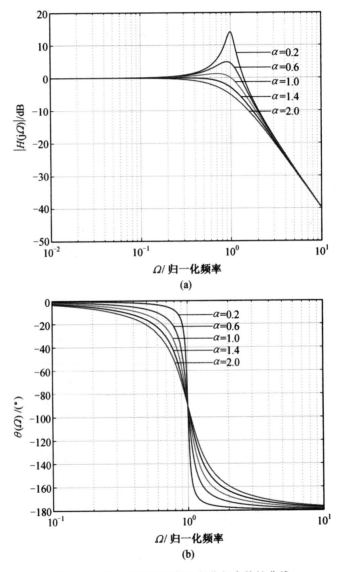

(a)

(b)

图 1.2 低通滤波器幅频和相位频率特性曲线

在滤波器理论中,常用到群时延这一概念。群时延函数就是相位特性 $\theta(\omega)$ 对 ω 的导函数,若用 $\tau(\omega)$ 表示,则

$$\tau(\omega) = \frac{\mathrm{d}}{\mathrm{d}\omega}\theta(\omega) \tag{1.4}$$

群时延函数 $\tau(\omega)$ 描叙了相位移随频率 ω 的变化情况。当相位随频率线性地变化时,

$\tau(\omega)$ 为常量,与此对应的物理图像是各种频率经过滤波器后只产生相同的延迟,而没有相位畸变。

$$\tau(\omega) = \frac{2\sin^2\theta(\omega)}{\alpha\,\omega_0} - \frac{\sin 2\theta(\omega)}{2\omega} \tag{1.5}$$

此外对于低通滤波器,截止频率、中心频率、边界频率、品质因数满足以下关系:

截止频率为

$$f_c = f_o \times \sqrt{\left(1 - \frac{1}{2Q^2}\right) + \sqrt{\left(1 - \frac{1}{2Q^2}\right)^2 + 1}} \tag{1.6}$$

边界频率为

$$f_p = f_o \times \sqrt{1 - \frac{1}{2Q^2}} \tag{1.7}$$

边界频率对应的增益

$$H_{OP} = H_{OLP} \times \frac{1}{\frac{1}{Q}\sqrt{1 - \frac{1}{4Q^2}}} \tag{1.8}$$

低通滤波器增益与频率关系如图 1.3 所示。

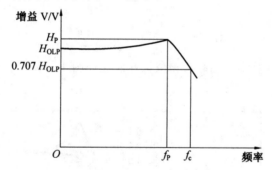

图 1.3 低通滤波器增益与频率关系

1.1.2 高通滤波器

高通(high pass,HP)滤波器的功能是让截止频率 ω_c 以上的高频分量通过,同时衰减从直流到阻带频率 ω_s 的低频分量,高通滤波器的表征方法大体与低通滤波器的相同。高通滤波器频率响应如图 1.4 所示。同样,作为高通滤波器,其响应必须位于图中的非阴影区内。原则上,高通滤波器的通带应伸展到 ∞,但实际上,在有源滤波器中,通带受到器件的有限带宽和寄生电容的限制。寄生电容总是存在的,因此高通滤波器的增益在高频端最终将要减小,如图 1.4 中的虚线所示。

实现高通增益特性的二阶函数为如下传递因数

$$H_{HP}(s) = \frac{H_{OHP}s^2}{s^2 + \frac{\omega_0}{Q}s + \omega_0^2} \tag{1.9}$$

幅频特性为

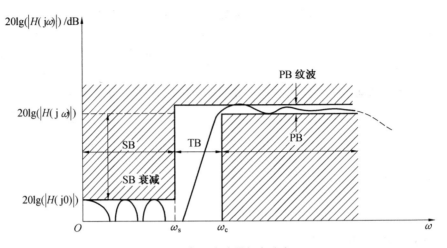

图 1.4 高通滤波器频率响应

$$H(\omega) = H_{OHP} \times \sqrt{\frac{\omega^4}{\omega^4 + \omega^2 \omega_0^2 \left(\left(\frac{1}{Q}\right)^2 - 2\right) + \omega_0^4}} \tag{1.10}$$

相位特性为

$$\theta(\omega) = \pi - \arctan \frac{\omega_0 \omega}{Q(\omega_0^2 - \omega^2)} \tag{1.11}$$

按上面两个公式计算出的幅频和相位特性曲线如图 1.5 所示。可见,这就是高通滤波器的情况。

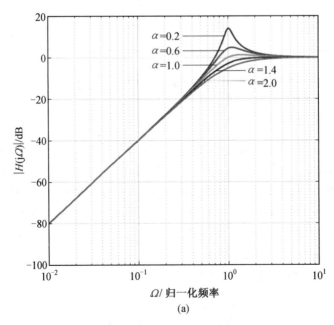

图 1.5 高通滤波器幅频和相位特性曲线

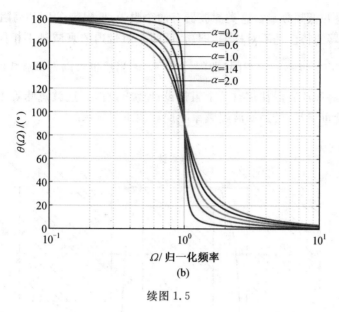

(b)

续图 1.5

截止频率为

$$f_c = f_o \times \left[\sqrt{\left(1 - \frac{1}{2Q^2}\right) + \sqrt{\left(1 - \frac{1}{2Q^2}\right)^2 + 1}} \right]^{-1} \tag{1.12}$$

边界频率为

$$f_p = f_o \times \left(\sqrt{1 - \frac{1}{2Q^2}} \right)^{-1} \tag{1.13}$$

边界频率对应的增益为

$$H_{OP} = H_{OHP} \times \frac{1}{\frac{1}{Q}\sqrt{1 - \frac{1}{4Q^2}}} \tag{1.14}$$

高通滤波器增益与频率关系如图 1.6 所示。

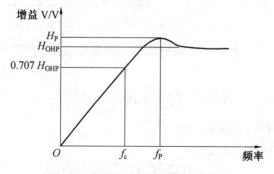

图 1.6　高通滤波器增益与频率关系

1.1.3　带通滤波器

带通(band pass, BP)滤波器的功能是让有限频带内的信号分量通过,同时衰减此频带外的高频分量和低频分量。这类滤波器有两个阻带:低阻带 SB_L 和高阻带 SB_H。一般来说,带通滤波器的特性是不对称的,即高、低两个阻带内的衰减是不相同的,同时高、低过渡带 TB_H 和 TB_L 也不一定相同(即 $\frac{\omega_{sH}}{\omega_{cH}} \neq \frac{\omega_{cL}}{\omega_{sL}}$)。当然也可以将带通滤波器设计成具有对称的特性,但对称滤波器往往对一个阻带设计要求过高。这就意味着不对称特性用较低阶的滤波器就可满足,带通滤波器频率响应如图1.7所示。

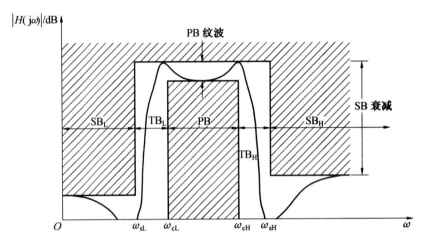

图 1.7　带通滤波器频率响应

实现带通增益特性的二阶函数为如下传递函数

$$H_{BP}(s) = \frac{H_{OBP}\left(\frac{\omega_0}{Q}\right)s}{s^2 + \frac{\omega_0}{Q}s + \omega_0^2} \tag{1.15}$$

幅频特性为

$$H(\omega) = H_{BP} \times \sqrt{\frac{\left(\frac{1}{Q}\right)^2 \omega_0^2 \omega^2}{\omega^2 + \omega^2 \omega_0^2 \left(\left(\frac{1}{Q}\right)^2 - 2\right) + \omega_0^4}} \tag{1.16}$$

可以看到 $H(0) = H(\infty) = 0$。很清楚地看到带通滤波器的特征。

相位特性为

$$\theta(\omega) = \frac{\pi}{2} - \arctan\frac{\omega_0\omega}{Q(\omega_0^2 - \omega^2)} \tag{1.17}$$

与上两式相应的曲线如图1.8所示。

带通滤波器的群时延函数仍为

$$\tau(\omega) = \frac{2Q\sin^2\theta(\omega)}{\omega_0} - \frac{\sin 2\theta(\omega)}{2\omega} \tag{1.18}$$

品质因数

$$Q = \frac{f_o}{f_H - f_L} \tag{1.19}$$

下限频率

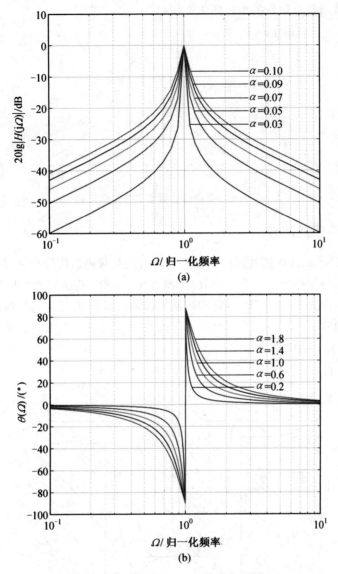

(a)

(b)

图 1.8 带通滤波器幅度和相位频率特性曲线

$$f_{\mathrm{L}} = f_{\mathrm{o}} \times \left[\frac{-1}{2Q} + \sqrt{\left(\frac{1}{2Q} \right)^2 + 1} \right] \tag{1.20}$$

上限频率

$$f_{\mathrm{H}} = f_{\mathrm{o}} \times \left[\frac{1}{2Q} + \sqrt{\left(\frac{1}{2Q} \right)^2 + 1} \right] \tag{1.21}$$

中心频率

$$f_{\mathrm{o}} = \sqrt{f_{\mathrm{L}} f_{\mathrm{H}}} \tag{1.22}$$

注:当 $Q > 5$ 时,中心频率和带宽的关系近似为

$$f_{\mathrm{o}} \approx \frac{f_{\mathrm{L}} + f_{\mathrm{H}}}{2} \tag{1.23}$$

带通滤波器增益与频率关系如图1.9所示。

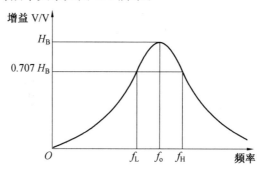

图1.9　带通滤波器增益与频率关系

1.1.4　带阻滤波器

带阻(band stop,BS)滤波器的功能是衰减有限频带内的信号分量,同时让频带外的高频分量和低频分量通过。因此,这类滤波器有两个通带:低通带PB_L和高通带PB_H。带阻滤波器频率响应如图1.10所示,它和带通滤波器的情况类似。同高通滤波器一样,带阻滤波器的高通带实际上也要受到有源器件的有限带宽和寄生电容的限制,结果使高频增益下降,如图1.10中虚线所示。

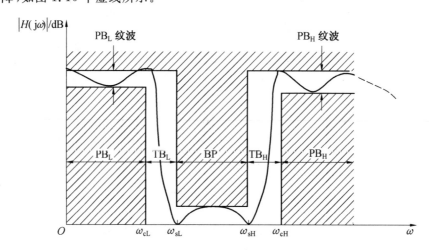

图1.10　带阻滤波器频率响应

实现带阻增益特性的二阶函数为如下转移函数

$$H_N(s) = \frac{H_{ON}(s^2 + \omega_0^2)}{s^2 + \dfrac{\omega_0}{Q}s + \omega_0^2} \tag{1.24}$$

频率特性为

$$H(\omega) = H_{ON}\sqrt{\frac{(\omega^2 - \omega_0^2)^2}{\omega^4 + \omega^2\omega_0^2\left(\dfrac{1}{Q^2} - 2\right) + \omega_0^4}} \tag{1.25}$$

相位特性为

$$\begin{cases} \omega > \omega_0, \theta(\omega) = \pi - \arctan \dfrac{\omega_0 \omega}{Q(\omega_0^2 - \omega^2)} \\ \omega < \omega_0, \theta(\omega) = -\arctan \dfrac{\omega_0 \omega}{Q(\omega_0^2 - \omega^2)} \end{cases} \qquad (1.26)$$

带阻滤波器的群时延函数为

$$\tau(\omega) = \frac{2Q\sin^2\theta(\omega)}{\omega_0} - \frac{\sin 2\theta(\omega)}{2\omega} \qquad (1.27)$$

图 1.11 表示出了这种带阻滤波器幅度和相位频率特性曲线。

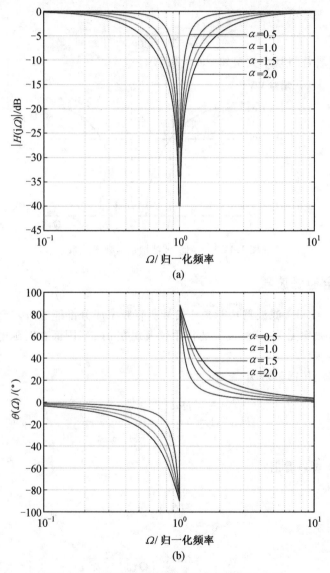

(a)

(b)

图 1.11　带阻滤波器幅度和相位频率特性曲线

品质因数

$$Q = \frac{f_o}{f_H - f_L} \tag{1.28}$$

下限频率

$$f_L = f_o \times \left[\frac{-1}{2Q} + \sqrt{\left(\frac{1}{2Q}\right)^2 + 1} \right] \tag{1.29}$$

上限频率

$$f_H = f_o \times \left[\frac{1}{2Q} + \sqrt{\left(\frac{1}{2Q}\right)^2 + 1} \right] \tag{1.30}$$

中心频率

$$f_o = \sqrt{f_L f_H} \tag{1.31}$$

带阻滤波器增益与频率关系如图1.12所示。

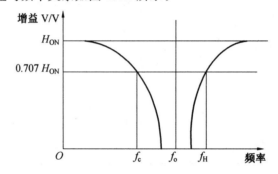

图 1.12 带阻滤波器增益与频率关系

1.1.5 全通滤波器

全通(all pass,AP)滤波器功能是让信号所有频率成分都能通过,"全通"是表示滤波器的幅频响应与频率无关,该滤波器的作用仅表现在$\varphi(\omega)$,因而在时延电路、相移均衡电路中被广泛使用。

全通滤波器的传递函数为

$$H_{AP}(s) = \frac{H_{AP}\left(s^2 - \frac{\omega_0}{Q}s + \omega_0^2\right)}{s^2 + \frac{\omega_0}{Q}s + \omega_0^2} \tag{1.32}$$

从式(1.32)可以看出:
幅频特性为

$$H(\omega) = 1 \tag{1.33}$$

相频特性为

$$\theta(\omega) = -2\arctan \frac{\omega_0 \omega}{Q(\omega_0^2 - \omega^2)} \tag{1.34}$$

图1.13表示全通滤波器的相位特性曲线。

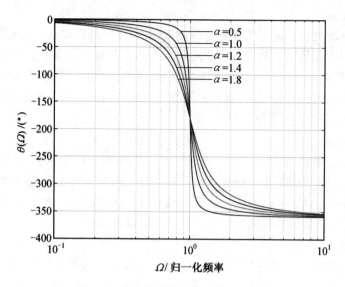

图 1.13　全通滤波器的相位特性曲线

1.1.6　组合滤波器

不同种类的滤波器串、并联,可以获得一些单个滤波器不易做到的频率特性,使滤波器的各项参数达到折衷要求,降低单个滤波器的设计难度。

例如,我们可以用一个 LPF(low pass filter) 和一个 HPF(high pass filter) 串联形成一个相对带宽 $\Delta f/f$。很大、选择性较好的 BPF(band pass filter)。

用两个或三个 BPF 以不同的中心频率 f。形成所谓参差调谐,获得 $\Delta f/f$。大、选择性好的 BPF。

用多个 BPF、Notch 并联,形成多频段的或多频点的 BP 或 Notch 滤波器。

1.2　滤波器的主要技术参数

滤波器作为一个四端网络有一系列的网络参数,本节中所涉及的内容是与滤波器功能及其使用性能有关的技术参数。图 1.14 表示低通滤波特性。

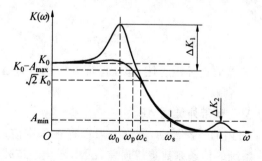

图 1.14　低通滤波特性

1. 谐振频率 ω_0

当输入给系统的信号频率使得系统响应最强,则这个频率就是谐振频率,也称为系统的固有频率。滤波器的谐振频率是滤波网络自身的固有频率。通常中心频率指的带通滤波器的中心频率,但它并不是带通滤波器专有的,只不过其意义不像带通滤波器那么明确和重要。它是由滤波器类型、结构及其元件参数决定的,在 $j\omega$ 轴上或靠近 $j\omega$ 轴处存在一个极点 $\pm j\omega_0$ 或 $\sigma \pm j\omega_0$ 的表现。

2. 截止频率 ω_c

截止频率指的是幅频特性下降 3 dB 时所对应的频率。但是注意 0 dB 点的选择问题,对低通滤波器,0 dB 指的是幅频特性曲线上的直流或频率为零所对应的增益。对于带通滤波器,0 dB 指的是幅频特性曲线上的中心频率处对应的增益。对于高通滤波器和带阻滤波器,0 dB 指的是幅频特性曲线的平坦部分的增益值。

3. 通带增益 K

不同类型的滤波器对于通带增益定义不太一样,对于低通滤波器,通带增益 K 指的是幅频特性曲线上 $\omega=0$ 处的增益;对于高通滤波器和带阻滤波器,通带增益指的是幅频特性曲线的平坦部分的增益值。对 BPF,通带增益指的是幅频特性曲线上 $\omega=\omega_0$ 处的增益。

4. 带宽 $\Delta\omega$

带通滤波器的带宽是上限频率与下限频率的差。Notch 滤波器的带宽指的是阻带宽度。

5. 品质因数 Q

为了衡量滤波器的频率选择性优劣,或滤波器过渡带的陡峭程度,在滤波器中引入了品质因数的概念,Q 是指谐振频率与带宽之比

$$Q=\frac{\omega_0}{\Delta\omega} \tag{1.35}$$

通常为了更好地理解品质因数的物理意义,引入了阻尼系数 α,其定义式为

$$\alpha=Q^{-1}=\frac{\Delta\omega}{\omega_0} \tag{1.36}$$

6. 矩形系数 S

矩形系数 S 通常用于衡量带通滤波器频率选择性性能,一般定义为幅度衰减 -3 dB 的带宽与 -60 dB 的比值,即

$$S=\frac{\Delta\omega_{-3\text{ dB}}}{\Delta\omega_{-60\text{ dB}}} \tag{1.37}$$

显然 S 越接近 1,滤波器的选择性越佳,即在保证一定的带宽 $\Delta\omega_{-3\text{ dB}}$ 条件下,过渡带越窄,带外信号具有更大的衰减量。

7. 通带内增益波动 ΔK_1 和带外波动 ΔK_2

图 1.14 中只画出了带内的一次波动,实际上可以存在多次波动;带外也可能存在一次或多次波动。ΔK_1 给系统的传递系数造成误差,ΔK_2 恶化了带外的衰减特性。

第2章　　滤波器的基本理论

2.1　引　　言

在设计滤波器时,工程师需要依据工程技术指标来满足信号处理的要求,并使其能用硬件实现。但仅从满足信号处理要求而对滤波器技术条件做出的简单规定会使其用硬件实现成为不可能。例如一个无线电或电视接收机,发射台需要在某个固定频带内发射其信号,理想情况下接收机应该接收并处理带宽内任何信号,也就是带宽内信号没有损耗,而带宽外的信号完全抑制掉,于是对这个接收机的传递函数幅度的最简单的要求是

$$|H(j\omega)|^2 = \begin{cases} A & (\omega_1 \leqslant \omega \leqslant \omega_2) \\ 0 & (\text{other}) \end{cases} \tag{2.1}$$

由于这种具有突变的特性是不能用一个有理函数来表示的,因此也就不能用有限数目的元件组成电路网络来实现它,同样理想的低通、高通、带阻滤波器特性也是不可能实现的。

实际滤波器设计:首先根据实际需要,确定其滤波特性与理想特性相比所允许的误差范围内,即通带内所允许的最大衰减、阻带内所允许的最小衰减和通带、阻带之间的过渡区域,这些条件可以图2.1所示的图形表示,图中所示的阴影部分表示通、阻带内所允许的衰减变动范围,对过渡带的衰减和相移一般不做技术要求,在确定上述误差范围以后,寻求一个合适的、可实现的有理函数,使它具有的特性符合所提出的技术要求。最后用一定的电路结构来实现这个有理函数的特性。在上述过程中,根据所允许的误差范围,寻求一个合适的并且可以实现的有理函数的问题,并使其在各个频段上满足技术要求,对此有很多论文发表了一些设计方法,并且其应用也很容易。这些方法是在一些具有基本滤波功能的标准函数形式的基础上建立的,需要做的仅仅是针对手中特定的问题适当地选择(或确定)一些系数,就是本章所要介绍的"滤波器近似问题"。

这种标准滤波器类型中的大多数是从逼近归一化的理想低通滤波器开始,归一化理想低通滤波器在 $0 \sim 1$ rad/s 这段频带内增益为1,而对于所有大于1 rad/s 的频率增益为0。滤波器的相移也是线性的,在通带内斜率为1,而对大于1 rad/s 的频率,其相移并不重要,因为这时没有信号通过滤波器,因此,归一化理想低通滤波器的特性可以表示为

$$H(j\omega) = \begin{cases} e^{j\omega} & (0 \leqslant |\omega| \leqslant 1) \\ 0 & (|\omega| > 1) \end{cases} \tag{2.2}$$

一旦获得了此归一化理想低通滤波器的一个恰当的逼近,就可用适当的频率变换把这个基本的低通原型转换成高通、带通、带阻和更复杂的具有多个通带和阻带的频率选择滤波器以及其他低通滤波器。

因为滤波器设计是一个重要的工程问题,已找到一些对式(2.2)的滤波器逼近,它们至今仍被广泛应用,并且令人满意,其滤波器特性已经制成相应的图表,这些通用的滤波

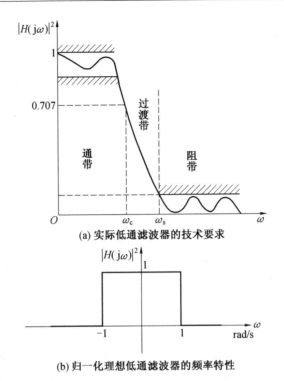

(a) 实际低通滤波器的技术要求

(b) 归一化理想低通滤波器的频率特性

图 2.1   低通滤波器的频率特性

器类型包含:

(1) 巴特沃斯(Butterworth)滤波器,其特征为当 $\omega \geqslant 0$ 时,滤波器的传递函数幅度关于 ω 单调下降。

(2) 切比雪夫(Chebyshev)滤波器,其特征为在通带内有等纹波的幅度函数,而在阻带内有单调下降的幅度函数。

(3) 反切比雪夫滤波器,其特征为在通带内有单调下降的幅度函数,而在阻带内有等幅纹的幅度函数。

(4) 椭圆滤波器(又称考尔(Cauer)滤波器或双切比雪夫滤波器),其特征为在通带和阻带内的幅度函数都具有等纹波。

(5) 贝塞尔(Bessel)滤波器(又称最大平坦群时延滤波器),它是在 $s=0$ 附近对线性相位特性的泰勒级数逼近。

希尔伯特变换指出,一个具有因果和稳定特性的网络函数可用其幅度函数或相位函数来完全确定,这意味着一个传递函数不能同时逼近归一化理想低通滤波器的幅度特性和相位特性。巴特沃斯、切比雪夫、反切比雪夫和椭圆滤波器是逼近归一化理想低通滤波器的幅度函数,而贝塞尔滤波器是逼近归一化理想滤波器的相位特性。

2.2   滤波器传递函数

物理可实现的滤波器为线性网络,网络函数可以写成如下普遍形式:

$$H(s) = \frac{b_0 s^m + b_1 s^{m-1} + \cdots + b_{m-1} s + b_m}{s^n + a_1 s^{n-1} + \cdots + a_{n-1} s + a_n} (m \leqslant n) \tag{2.3}$$

式中，$s = \sigma + \mathrm{j}\omega$；$a_0(=1), a_1, \cdots, a_n$ 和 $b_0, b_1, \cdots, b_n$ 为系数。

式(2.3)描述网络的输入、输出关系，即网络输出对输入的响应称之为传递函数。根据线性网络理论，任意个阻抗相互隔离的网络级联之后，总的传递函数应是各个网络传递函数的乘积；这意味着，一个复杂的传递函数可以分解成几个简单的传递函数的乘积，即

$$H(s) = \prod_{i=1}^{n/2} \frac{b_{0i} s^2 + b_{1i} s + b_{2i}}{s^2 + a_{1i} s + a_{2i}} = \prod_{i=1}^{n/2} H_i(s) \tag{2.4}$$

$$H_i(s) = \frac{b_{0i} s^2 + b_{1i} s + b_{2i}}{s^2 + a_{1i} s + a_{2i}} \tag{2.5}$$

式(2.5)是二阶网络传递函数的普遍形式，这里假设 $m=n$。若 n 为奇数，则 $H_i(s)$ 中有一个为一阶网络 $\frac{1}{s + a_{20}} (a_{20} > 0)$。

因此 n 阶滤波器传递函数可以分解为 $\frac{n}{2}$ 个二阶滤波器的设计，这里重点研究二阶滤波器的传递函数。

为了说明方便，去掉下标 i，式(2.5)写成

$$H(s) = \frac{b_0 s^2 + b_1 s + b_2}{s^2 + a_1 s + a_2} \tag{2.6}$$

由滤波器理论可知，二阶的传递函数若能够物理可实现，具有如下特性：

(1) 为了使滤波器满足稳定性要求，必需使 $a_1 > 0, a_2 > 0$。

(2) b_0、b_1、b_2 取不同数值将得到不同类型的滤波器。

(3) a_1、a_2 不同时，将获得不同特性的滤波器。

为了使物理意义更加明确，令式(2.6)中的 $a_1 = \alpha\omega_0, a_2 = \omega_0^2$，其中，$\alpha$ 为系统的阻尼系数(与后面讲的滤波器品质因数互为倒数)，ω_0 为系统的固有频率，则

$$H(s) = \frac{b_0 s^2 + b_1 s + b_2}{s^2 + \alpha\omega_0 s + \omega_0^2} \tag{2.7}$$

从物理意义看，α 表示一种阻尼效应，即：

(1) $\alpha > 0$，系统存在阻尼，外加信号通过滤波器时存在能量损耗，对任何有限能量输入或噪声扰动，输出都会在有限时间内衰减至零，系统呈稳定状态。

(2) $\alpha = 0$，当外加激励与系统固有频率相同时，将使系统以其固有频率(谐振频率)ω_0 产生并维持不衰减振荡，系统处于临界状态。

(3) $\alpha < 0$，在无外加激励的情况下，系统会自激振荡而处于发散状态。

传递函数 $H(s)$ 的零点分布由式(2.7)的分子多项式系数 b_0、b_1、b_2 的数值决定。通俗地说，(s) 的零点就是使 $|H(\mathrm{j}\omega)| = \min$ 的频点，当然是对应滤波器截止频带的情况，显然，b_0、b_1、b_2 决定 (s) 的零点，因此也就决定了滤波器的类型。它们可以有如下几种情况：

(1) $b_0 = b_1 = 0, b_2 = K_p\omega_0^2$ —— 低通滤波器。

传递函数式(2.7)为

$$H(s) = \frac{K_p\omega_0^2}{s^2 + a\omega_0 s + \omega_0^2} \tag{2.8}$$

幅频特性为

$$H(\omega) = K_p \sqrt{\frac{\omega_0^4}{\omega^4 + \omega^2 \omega_0^2 (\alpha^2 - 2) + \omega_0^4}} \tag{2.9}$$

相位特性为

$$\theta(\omega) = -\arctan \frac{\alpha \omega_0 \omega}{\omega_0^2 - \omega^2} \tag{2.10}$$

群时延函数是相位特性 $\theta(\omega)$ 对 ω 的导函数,若用 $\tau(\omega)$ 表示,则

$$\tau(\omega) = \frac{d}{d\omega} \theta(\omega) \tag{2.11}$$

群时延函数 $\tau(\omega)$ 描叙了相位移随频率 ω 的变化情况。当相位移随频率线性变化时,$\tau(\omega)$ 为常量,与此对应的物理图像是各种频率经过滤波器后只产生相同的延迟,而没有相位畸变。

$$\tau(\omega) = \frac{2\sin^2\theta(\omega)}{\alpha \omega_0} - \frac{\sin 2\theta(\omega)}{2\omega} \tag{2.12}$$

(2)$b_0 = K_p$,$b_1 = b_2 = 0$——高通滤波器。

传递函数式(2.7)为

$$H(s) = \frac{K_p s^2}{s^2 + \alpha \omega_0 s + \omega_0^2} \tag{2.13}$$

幅频特性为

$$H(\omega) = K_p \sqrt{\frac{\omega^4}{\omega^4 + \omega^2 \omega_0^2 (\alpha^2 - 2) + \omega_0^4}} \tag{2.14}$$

相位特性为

$$\theta(\omega) = \pi - \arctan \frac{\alpha \omega_0 \omega}{\omega_0^2 - \omega^2} \tag{2.15}$$

群时延函数为

$$\tau(\omega) = \frac{2\sin^2\theta(\omega)}{\alpha \omega_0} - \frac{\sin 2\theta(\omega)}{2\omega} \tag{2.16}$$

(3)$b_0 = b_2 = 0$,$b_1 = K_p \alpha \omega_0$——带通滤波器。

传递函数式(2.7)为

$$H(s) = \frac{K_p \alpha \omega_0 s}{s^2 + \alpha \omega_0 s + \omega_0^2} \tag{2.17}$$

幅频特性为

$$H(\omega) = K_p \sqrt{\frac{\alpha^2 \omega_0^2 \omega^2}{\omega^4 + \omega^2 \omega_0^2 (\alpha^2 - 2) + \omega_0^4}} \tag{2.18}$$

相位特性为

$$\theta(\omega) = \frac{\pi}{2} - \arctan \frac{\alpha \omega_0 \omega}{\omega_0^2 - \omega^2} \tag{2.19}$$

群时延函数为

$$\tau(\omega) = \frac{2\sin^2\theta(\omega)}{\alpha \omega_0} - \frac{\sin 2\theta(\omega)}{2\omega} \tag{2.20}$$

(4)$b_0 = K_p$, $b_1 = 0$, $b_2 = K_p \omega_0^2$ —— 带阻滤波器。

传递函数式(2.7)为

$$H(s) = \frac{K_p(s^2 + \omega_0^2)}{s^2 + \alpha \omega_0 s + \omega_0^2} \tag{2.21}$$

频率特性为

$$H(\omega) = K_p \sqrt{\frac{(\omega^2 - \omega_0^2)^2}{\omega^4 + \omega^2 \omega_0^2(\alpha^2 - 2) + \omega_0^4}} \tag{2.22}$$

相位特性为

$$\begin{cases} \omega > \omega_0, \theta(\omega) = \pi - \arctan \dfrac{\alpha \omega_0 \omega}{\omega_0^2 - \omega^2} \\[2mm] \omega < \omega_0, \theta(\omega) = -\arctan \dfrac{\alpha \omega_0 \omega}{\omega_0^2 - \omega^2} \end{cases} \tag{2.23}$$

群时延函数为

$$\tau(\omega) = \frac{2\sin^2 \theta(\omega)}{\alpha \omega_0} - \frac{\sin 2\theta(\omega)}{2\omega} \tag{2.24}$$

(5)$b_0 = 1$, $b_1 = -\alpha \omega_0$, $b_2 = \omega_0^2$ —— 全通滤波器。

传递函数式(2.7)为

$$H(s) = \frac{s^2 - \alpha \omega_0 s + \omega_0^2}{s^2 + \alpha \omega_0 s + \omega_0^2} \tag{2.25}$$

幅频特性为

$$H(\omega) = 1 \tag{2.26}$$

相位特性为

$$\theta(\omega) = -2\arctan \frac{\alpha \omega_0 \omega}{\omega_0^2 - \omega^2} \tag{2.27}$$

2.3　巴特沃斯滤波器响应

2.3.1　传递函数及其特点

一种经常采用的对归一化理想低通滤波器的逼近是巴特沃斯函数系。第 n 阶巴特沃斯函数为

$$B_n(\Omega) = \frac{1}{1 + \Omega^{2n}} \quad n = 1, 2, \cdots \tag{2.28}$$

一个 n 阶归一化低通巴特沃斯滤波器传递函数的幅度定义为

$$|H(j\Omega)| = \frac{H(0)}{\sqrt{1 + \Omega^{2n}}} \quad n = 1, 2, 3, \cdots \tag{2.29}$$

式中,Ω 是归一化频率,$\Omega = \dfrac{\omega}{\omega_c}$,$\omega_c$ 为低通滤波器的截止频率;$H(0)$ 为滤波器的增益。

某一个 n 阶巴特沃斯低通滤波器的幅频特性如图 2.2 所示。ω_s 为滤波器阻带的起始频率。

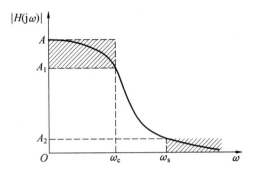

图 2.2　低通滤波器的典型幅频特性

当巴特沃斯滤波器的阶数 n 增加时,在通带内幅度函数更接近于 1,过渡带更窄,而在阻带中幅度函数更接近于 0。当 $n \rightarrow \infty$ 时,巴特沃斯幅度函数趋近于理想幅度特性。因此, n 是一个待选的参数,以满足一组预先给定的通带和阻带的条件。图 2.2 中的 y 轴是用分贝给出,幅度进行归一化,即

$$| H(\mathrm{j}\Omega) | = \frac{1}{\sqrt{1 + \Omega^{2n}}} \tag{2.30}$$

则巴特沃斯滤波器的衰减量(幅频特性的分贝表示)定义为

$$A = | H(\mathrm{j}\Omega) | (\mathrm{dB}) = -10\lg | H(\mathrm{j}\Omega) |^2 = 10(1 + \Omega^{2n}) \tag{2.31}$$

相位特性定义为

$$\varphi(\Omega) \triangleq -\arctan \mathrm{Im}[H(\mathrm{j}\Omega)]/\mathrm{Re}[H(\mathrm{j}\Omega)] \tag{2.32}$$

群时延特性定义为

$$\tau = \frac{\mathrm{d}\varphi(\Omega)}{\mathrm{d}\Omega} \tag{2.33}$$

$n = 2 \sim 10$ 阶归一化低通巴特沃斯滤波器的幅度特性、相位特性和群时延如图 2.3 ~ 2.6 所示。注意,当 Ω 很小时,相位函数几乎是线性的,特别当 n 很小时,线性度更佳。

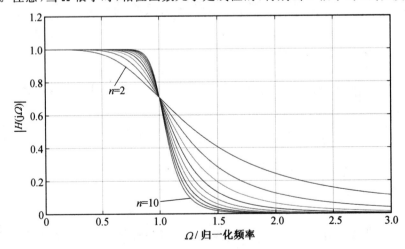

图 2.3　巴特沃斯滤波器的幅度函数

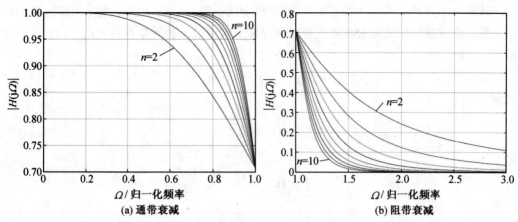

(a) 通带衰减　　　　　　　　　　(b) 阻带衰减

图 2.4　巴特沃斯滤波器的幅度函数

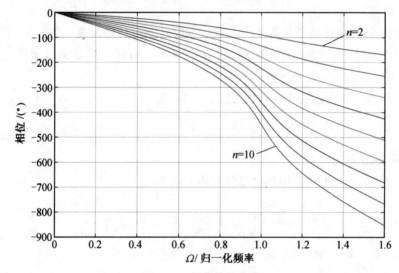

图 2.5　相位特性曲线

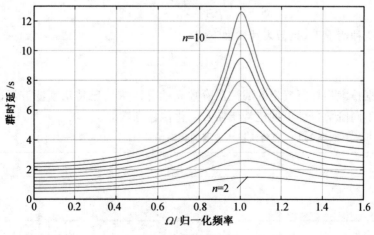

图 2.6　群时延特性

若给出了滤波器的技术指标要求,需要确定滤波器的阶数,然后才能求出滤波器的传递函数。滤波器的阶数是根据阻带衰减量要求来确定的。若规定当 $\Omega = \Omega_s > \Omega_c$ 时的衰减为 A_s,则

$$10\lg(1 + \Omega_s^{2n}) \geqslant A_s \tag{2.34}$$

其中

$$\Omega_s = \frac{\omega_s}{\omega_c} \tag{2.35}$$

即

$$1 + \Omega_s^{2n} \geqslant 10^{0.1A_s}$$

所以

$$n \geqslant \frac{\lg[10^{0.1A_s} - 1]^{\frac{1}{2}}}{\lg \Omega_s} \tag{2.36}$$

式(2.36)的物理意义是很清楚的。当 Ω_s 越小,表示只增加更小的频率,滤波器就应该达到规定的衰减,即过渡带窄;As 越大,表示按更大的衰减量定义过渡带上边界频率 Ω_s,所以都要求更高的滤波器阶数。

巴特沃斯低通滤波器的传递函数可以表示为

$$H(S) = \frac{kb_0}{S^n + b_{n-1}S^{n-1} + \cdots + b_1 S + b_0} \tag{2.37}$$

式中,k 是常数;$S = j\Omega$;b 常数。

若 $n = 2, 4, 6, \cdots$,则传递函数可以分解为下列形式

$$H(S) = \prod_{k=1}^{\frac{n}{2}} \frac{A_k}{S^2 + a_k S + 1}, k = 1, 2, 3, \cdots \tag{2.38}$$

若 $n = 1, 3, 5, \cdots$,则传递函数可以分解为下列形式

$$H(S) = \frac{A_0}{S+1} \prod_{k=1}^{\frac{n-1}{2}} \frac{A_k}{S^2 + a_k S + 1}, k = 1, 2, 3, \cdots \tag{2.39}$$

在上述两种情况下,系数表达式如下式

$$a_k = 2\sin \frac{(2k-1)\pi}{2n} \tag{2.40}$$

因此根据技术指标所确定的滤波器阶数 n 就可以求出巴特沃斯滤波器的传递函数,表 2.1 给了不同阶数条件下的巴特沃斯归一化传递函数。

表 2.1 巴特沃斯滤波器的传递函数($\Omega = \omega/\omega_c$ 归一化)

n	$H(S)$
1	$\dfrac{1}{S+1}$
2	$\dfrac{1}{S^2 + \sqrt{2}S + 1}$

续表2.1

n	$H(S)$
3	$\dfrac{1}{(S^2 + S + 1)(S + 1)}$
4	$\dfrac{1}{(S^2 + 0.765\,37S + 1)(S^2 + 1.847\,76S + 1)}$
5	$\dfrac{1}{(S^2 + 0.618\,03S + 1)(S^2 + 1.618\,03S + 1)(S + 1)}$

在实际使用归一化传递函数时,需要进行去归一化,得到与实际技术指标要求相对应的传递函数。由于在表示归一化传递函数时采用了

$$\Omega = \frac{\omega}{\omega_c}$$

将上式两边同时乘以 j,则

$$j\Omega = \frac{j\omega}{\omega_c} \Rightarrow S = \frac{s}{\omega_c} \tag{2.41}$$

因此去归一化就是用式(2.41)去替代归一化传递函数,就会得到实际的传递函数,然后便可以利用电路去实现该传递函数。

综上所述,巴特沃斯低通滤波器的特点:

(1)幅度在 $\omega = 0$ 处具有最平坦特性。

在 $\Omega = 0$ 时将 $|H(j\Omega)|^2$ 展为麦克劳林级数

$$|H(j\Omega)|^2 = |H(j\Omega)|^2 \Big|_{\Omega=0} (0) + \frac{d|H(j\Omega)|^2}{d\Omega}\Big|_{\Omega=0}\Omega + \frac{1}{2!}\frac{d^2|H(j\Omega)|^2}{d\Omega^2}\Big|_{\Omega=0}\Omega^2 + \cdots +$$

$$\frac{1}{r!}\frac{d^r|H(j\Omega)|^2}{d\Omega^r}\Big|_{\Omega=0}\Omega^r + \cdots \tag{2.42}$$

已定义 $|H(j\Omega)|^2 = 1 + \Omega^{2n}$,所以

$$|H(j\Omega)|^2\Big|_{\Omega=0} = 1$$

$$\frac{d^r}{d\Omega^r}|H(j\Omega)|^2 = 0, r = 1, 2, \cdots, 2n - 1 \tag{2.43}$$

$$\frac{d^{2n}}{d\Omega^{2n}}|H(j\Omega)| = 1$$

这是 Butterworth 滤波器的 $|H(j\Omega)|$ 具有最大平坦区的严格数学表征也是具有最大平坦区的原因。

(2)幅度在带外($\Omega \gg 1$)衰减特性具有 $-6n$ dB/ 倍频程。

当 $\Omega \gg 1$ 时,式(2.42)可转化为

$$|H(j\Omega)|(\text{dB}) = -20n\lg|H(j\Omega)| = -20n\lg\Omega \tag{2.44}$$

对于一个倍频程,即当 $\Omega_2 = 2\Omega_1$ 时

$$A_2 = n20\lg 2\Omega_1 \tag{2.45}$$

$$A_1 = n20\lg \Omega_1 \tag{2.46}$$

$$A_2 - A_1 = n \left[20 \lg 2 + 20 \lg \Omega_1 - 20 \lg \Omega_1 \right] = 6n \text{ dB} \qquad (2.47)$$

（3）n 越大，则通带内的振幅特性越平坦，越接近理想低通滤波器特性。

（4）在频率的低端，巴特沃斯滤波器幅频特性最接近理想情况，但在接近截止频率和在阻带内，巴特沃斯滤波器则较切比雪夫滤波器差得多，也就是说在相同阶数条件下，巴特沃斯滤波器的过渡带没有切比雪夫滤波器陡峭。

（5）巴特沃斯滤波器的相位特性比同阶数的切比雪夫、反切比雪夫和椭圆两数滤波器都好。这一点完全符合一般性的规律，即某种类型滤波器的幅度特性较好，则其相位特性较差；反之亦然。

2.3.2　单位阶跃及其冲激响应

为了说明问题方便，我们以二阶传递函数为例，设阶跃函数加到滤波器输入端，即

$$V_i(t) = 1 \qquad (2.48)$$

它的拉普拉斯变换为

$$V_i(s) = 1 [V_i(t)] = \frac{1}{s} \qquad (2.49)$$

输出为

$$V_o(s) = V_i(s) \cdot H(s) = \frac{1}{s} \cdot \frac{1}{s^2 + \sqrt{2}\, s + 1} \qquad (2.50)$$

则输出的时间函数为 $V_o(s)$ 的拉普拉斯逆变换，即

$$V_o(t) = 1^{-1} [V_o(s)] = 1 + \sqrt{2}\, e^{-\frac{t}{\sqrt{2}}} \cos\left(\frac{t}{\sqrt{2}} + \frac{3\pi}{4} \right) \qquad (2.51)$$

分析上式，看出输出电压是在等于 1 的直流电压上迭加一个减幅余弦电压。在 $t = 0$ 时，$V_o(t) = 0$。当所迭加的减幅余弦电压等于 0 时，输出电压 $V_o(t) = 1$，这些点发生在

$$\sqrt{2}\, e^{-\frac{t}{\sqrt{2}}} \cos\left(\frac{t}{\sqrt{2}} + \frac{3\pi}{4} \right) = 0 \qquad (2.52)$$

或

$$\frac{t}{\sqrt{2}} + \frac{3\pi}{4} = m\, \frac{\pi}{2}, \; m = 3, 5, \cdots \text{ 奇数} \qquad (2.53)$$

设 $V_o(t)$ 第一次等于 1 时，发生在 t_1，即

$$\frac{t_1}{\sqrt{2}} + \frac{3\pi}{4} = \frac{3\pi}{2} \qquad (2.54)$$

则可以推出

$$t_1 = 3.33s \qquad (2.55)$$

而 $V_o(t)$ 第二次等于 1 时，发生在 t_2，即

$$t_2 = t_1 + \sqrt{2}\, \pi = 7.77s \qquad (2.56)$$

依此类推。

$V_o(t)$ 的各最大点和最小点则发生在 $\dfrac{\mathrm{d}V_o(t)}{\mathrm{d}t} = 0$ 时，解得第一个发生在 $t' = \sqrt{2}\, \pi s$ 时，$V_o(t)$ 的最大值为

$$1 + \sqrt{2}\, \mathrm{e}^{-\pi} \cos \frac{\pi}{4} = 1.043 \qquad\qquad (2.57)$$

按以上计算结果，二阶最平幅度滤波器对阶跃函数响应的示意图如图 2.7 所示。二阶最平幅度滤波器对阶跃函数的响应 $V_o(t)$，从最终值的 10% 上升到 90% 所需要的时间称为上升时间 t_r，$V_o(t)$ 最大值超过最终值的百分比称为超量。在本例超量为

$$\frac{1.043 - 1}{1} \times 100\% = 4.3\% \qquad\qquad (2.58)$$

一般要求上升时间越短越好，而超量越小越好。

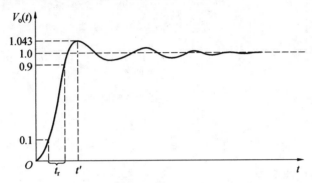

图 2.7　二阶巴特沃斯滤波器阶跃函数响应的示意图

按此法求得的 $n = 2$ 到 10 时，巴特沃斯滤波器对阶跃函数的瞬态响应，如图 2.8 所示。n 越高，超量越大，这一点又和振幅特性相矛盾。

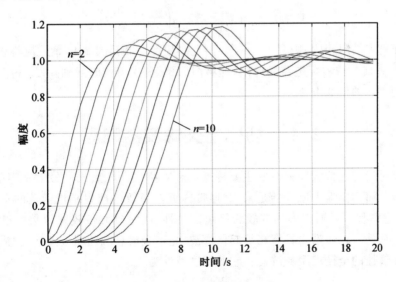

图 2.8　阶跃函数的瞬态响应

在图 2.9 上画出最平幅度滤波器对冲激因数的形态响应。

最后应注意的是图 2.8 和图 2.9 是以归一化 $\left(\Omega = \dfrac{\omega}{\omega_c} \right)$ 求得的，实际中，应该进行去归一化，即用 $s = \dfrac{S}{\omega_c}$ 代入归一化的传递函数，因此可以得到二阶传递函数为

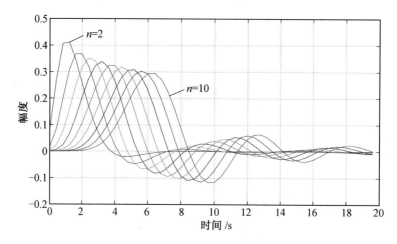

图 2.9   冲激函数响应

$$H(S) = \frac{1}{s^2 + \sqrt{2}\,s + 1}\Bigg|_{s=\frac{S}{\omega_c}} = \frac{1}{\left(\dfrac{S}{\omega_c}\right)^2 + \sqrt{2}\,\dfrac{S}{\omega_c} + 1} = \frac{\omega_c^2}{S^2 + \sqrt{2}\,\omega_c S + \omega_c^2} \tag{2.59}$$

这时阶跃函数的响应为

$$V_o(s) = V_i(s) \cdot H(S) = \frac{1}{S} \cdot \frac{\omega_c^2}{S^2 + \sqrt{2}\,\omega_c S + \omega_c^2} \tag{2.60}$$

则逆变换为

$$V_o(t) = 1 + \sqrt{2}\, e^{-\frac{\omega_c t'}{\sqrt{2}}} \cos\left(\frac{\omega_c t'}{\sqrt{2}} + \frac{3}{4}\pi\right) \tag{2.61}$$

与前面所求结果相比,则有 $t = \omega_c t'$。因此利用图 2.8 及图 2.9,最后应将查得的 t 按 $t = \omega_c t'$ 的关系转变成实际电路的时间,即将图 2.8 及图 2.9 的时间轴除以 $2\pi f_c$,就可用去归一化得到实际的低通电路。

2.4   切比雪夫滤波器响应

上一节讨论的巴特沃斯近似的主要特点是衰减特性在原点处是最大平坦的,但过渡带比较缓慢。而切比雪夫滤波器是采用"通带内近似函数与理想平坦函数的最大误差最小"准则。它既保证了通带内具有较为平坦的特性,同时过渡带较同阶数的巴特沃斯滤波器陡峭。它是一种通带内具有相等起伏纹波、止带光滑衰减的滤波器,切比雪夫低通滤波器是一种最佳的全极点型滤波器。它的幅度特性为

$$|H(j\omega)| = \frac{K}{\sqrt{1 + \varepsilon^2 C_n^2\left(\dfrac{\omega}{\omega_p}\right)}} \qquad (n=1,2,3\cdots) \tag{2.62}$$

式中,K 为滤波器增益;ε 为通带的波动系数;C_n 为 n 次第一类切比雪夫多项式;ω_p 为通带内最后一次波动到最大值所对应的频率。

切比雪夫多项式是一种分段函数,由下式给定

$$C_n(x) = \begin{cases} \cos(n\cos^{-1}x), & |x| \leqslant 1 \\ \cosh(n\cosh^{-1}x), & |x| > 1 \\ 2^{n-1}x^n, & |x| \gg 1 \end{cases} \qquad (2.63)$$

(1) 当 $|x| \leqslant 1$ 时，切比雪夫函数可以表示为下列 x 的多项式。

由式(2.63) 对 $|x| < 1$，有

$$C_{n+1}(x) + C_{n-1}(x) = \cos[(n+1)\cos^{-1}x] + \cos[(n-1)\cos^{-1}x]$$

由此导出递推关系

$$C_{n+1}(x) = 2xC_n(x) - C_{n-1}(x) \qquad (2.64)$$

因为

$$C_0(x) = 1$$
$$C_1(x) = x$$

所以高阶的多项式可由式(2.64) 的递推关系求得

$$C_2(x) = 2x^2 - 1 \qquad (2.65)$$
$$C_3(x) = 4x^3 - 3x \qquad (2.66)$$
$$C_4(x) = 8x^4 - 8x^2 + 1 \qquad (2.67)$$
$$C_5(x) = 16x^5 - 20x^3 + 5x \qquad (2.68)$$

分别用 $n=3$ 和 $n=4$ 作出的一组切比雪夫函数曲线如图 2.10(a) 和(b) 所示。

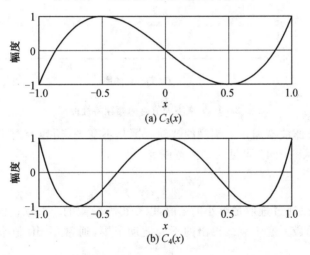

(a) $C_3(x)$

(b) $C_4(x)$

图 2.10　双曲余弦曲线

由图 2.10 可见：

① 在 $-1 \leqslant x \leqslant 1$ 范围内，$C_n(x)$ 具有等幅(± 1)波动性。

② n 值等于 $C_n(x)$ 曲线过零的次数；$n+1$ 为 $C_n(x)$ 曲线达到峰值的次数；故 n 越大，波动次数越多，波动的周期越小。

③ $n=$ 奇数，$C_n(x)\big|_{x=0}=0$；$n=$ 偶数，$C_n(x)\big|_{x=0}=1$。

(2) 当 $|x| \geqslant 1$ 时，Chebyshev 函数使用双曲余弦函数，众所周知

$$\cosh(x) = \frac{e^x + e^{-x}}{2} \qquad (2.69)$$

$$\sinh(x)=\frac{e^x-e^{-x}}{2} \qquad (2.70)$$

$C_n(x)$ 离开 ± 1 之后以 $\cosh(x)$ 单调快速上升。

（3）当 $|x|\gg 1$ 时，$C_n(x)$ 可近似表达为式（2.63）第三行，即 $C_n(x)$ 有比在较小 $|x|$ 情况下的更快上升。

通过上式可以看出，$C_n=0$ 时，幅度达到最大值 K。这些最大值点是分布在通带之内的，所以切比雪夫幅度响应在通带内形成波动而在通带外单调变化。波动范围的大小取决于 ε 值，波动的次数取决于阶数 n，而 K 则决定滤波器的增益。图 2.11 给出了在 $K=1$ 和 $\omega_c=1$ rad/s 归一化情况下，几种不同 n 值的切比雪夫幅频特性曲线。

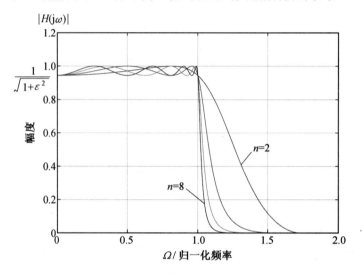

图 2.11 n 取不同值时的幅频特性曲线

因为切比雪夫滤波器通带内幅度的波动范围是不变的，所以有时也称之为等纹波滤波器。若 $K=1$，从图 2.11 可见波动的范围为

$$RW=\frac{1}{1+\varepsilon^2}\sim 1 \qquad (2.71)$$

因此，我们可以通过选取足够小的 ε 值，以获得所希望的小波动范围。

这个由容许的最大通带衰减得出的不变波动范围，通常用 dB 值来表示。它由下式给出

$$A_{\max}=-20\lg\left(\frac{1}{\sqrt{1+\varepsilon^2}}\right)=10\lg(1+\varepsilon^2) \qquad (2.72)$$

参量 ε 由通带波动 $A_{\max}$ 来决定

$$\varepsilon=\sqrt{10^{0.1A_{\max}}-1} \qquad (2.73)$$

而切比雪夫低通滤波器的阶数 n，可以通过 $\Omega>1$ 来确定，此时将满足该条件的切比雪夫滤波器多项式衰减表达式，设 $\Omega_s>1$，并且在 Ω_s 所要求的最小衰减为 A_s，则

$$10\lg\left[1+\varepsilon^2\cosh^2(n\cosh^{-1}\Omega_s)\right]\geqslant A_s$$

$$n\cosh^{-1}\Omega_s\geqslant\cosh^{-1}\frac{\sqrt{10^{0.1A_s}-1}}{\varepsilon}$$

$$n \geqslant \frac{\cosh^{-1}\sqrt{10^{0.1A_s} - 1/\varepsilon}}{\cosh^{-1}\Omega_s} \tag{2.74}$$

图 2.12～2.14 为通带不同衰减时对应不同阶数的切比雪夫滤波器的幅频特性曲线。

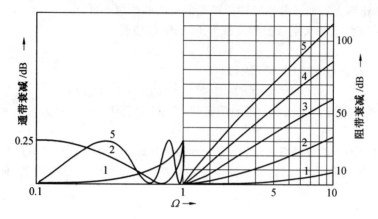

图 2.12　$A_{max} = 0.25$ dB 时，低通切比雪夫近似的衰减

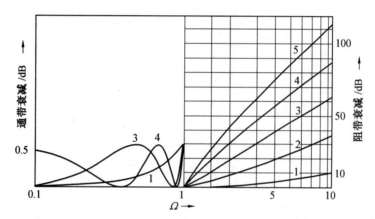

图 2.13　$A_{max} = 0.5$ dB 时，低通切比雪夫近似的衰减

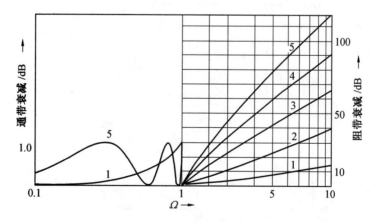

图 2.14　$A_{max} = 1$ dB 时，低通切比雪夫近似的衰减

切比雪夫滤波器的特点：

（1）通带内等纹波波动，阻带没有波动。

（2）同阶数条件下，切比雪夫滤波器的过渡带比巴特沃斯滤波器窄。或对于同样的衰减要求，切比雪夫近似通常比巴特沃斯近似所需的阶数要低。

当 $\Omega \gg 1$ 时，巴特沃斯近似的衰减为 $6n$ dB/ 倍频程

$$A(\Omega) \approx 20\lg \Omega^n \tag{2.75}$$

切比雪夫衰减可由式（2.75）求得，即

$$A(\Omega) = 20\lg(\varepsilon\Omega^n 2^{n-1}) = 20\lg \Omega^n + 20\lg \varepsilon(2)^{n-1} \tag{2.76}$$

比较两式可以看到切比雪夫近似的衰减比同阶巴特沃斯近似要大，当 $\varepsilon = 1$ 时

$$20\lg(2)^{n-1} = 6(n-1)\text{dB} \tag{2.77}$$

因此，对于同样的衰减要求，切比雪夫近似通常比巴特沃斯近似所需的阶数要低。

（3）同阶数条件下，切比雪夫滤波器的相位特性比巴特沃斯滤波器差（非线性比较严重）（图 2.15）。

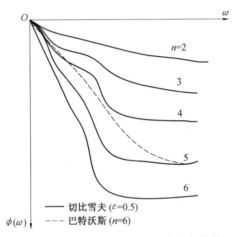

图 2.15　巴特沃斯与切比雪夫相频特性

（4）高阶切比雪夫相位响应较低阶差，即高阶的群时延曲线起伏比低阶严重（图 2.16）。

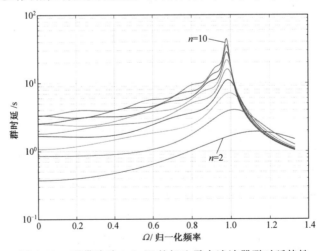

图 2.16　通带波动 0.1 dB 的切比雪夫滤波器群时延特性

2.5　反切比雪夫滤波器响应

反切比雪夫低通滤波器的幅度特性为

$$|H(\mathrm{j}\omega)| = \frac{\varepsilon C_n\left(\dfrac{\omega_1}{\omega}\right)}{\sqrt{1+\varepsilon^2 C_n^2\left(\dfrac{\omega_1}{\omega}\right)}} \quad (n=1,2,3,\cdots) \tag{2.78}$$

式中，ε 是正常数；C_n 为切比雪夫多项式；常数 ω_1 是阻带的起始频率。

图 2.17 所示是 $n=6$ 的一个反切比雪夫低通滤波器的幅频特性曲线。图中同时标出了 $-3\ \mathrm{dB}$ 时对应的截止频率

$$\omega_c = \frac{\omega_1}{\cosh\left[\dfrac{1}{n}\mathrm{arccosh}\dfrac{1}{\varepsilon}\right]} \tag{2.79}$$

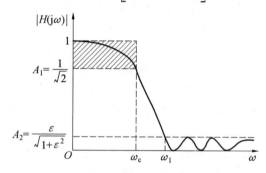

图 2.17　反切比雪夫低通幅频响应（$n=6$）

滤波器的幅度响应在通带内（$0 < \omega < \omega_c$）是单调变化的，而在阻带内（$\omega > \omega_1$）则是波动的，波动幅度为

$$A_2 = \frac{\varepsilon}{\sqrt{1+\varepsilon^2}} \tag{2.80}$$

过渡带定义为

$$TW = \omega_1 - \omega_c \tag{2.81}$$

若 $\alpha_2 = -20\lg A_2$ 为阻带内要求的最小衰减量，则可根据该式确定 ε，即

$$\varepsilon = \frac{1}{\sqrt{10^{\frac{\alpha_2}{10}}-1}} \tag{2.82}$$

因此，对于给定阶数 n、阻带所要求的最小衰减 α_2 和给定阻带起始频率 ω_1，我们可以通过式（2.82）计算 ε，然后从式（2.80）得出所需的幅度特性。再应用式（2.78）和式（2.81）得到截止频率 f_c 和过渡带宽度 TW，或指定 ω_c（而不是 ω_1）而从式（2.79）计算出 ω_1，也可以计算出滤波器所需要的阶数。

$$n = \frac{\mathrm{arccosh}\sqrt{10^{\frac{\alpha_2}{10}}-1}}{\mathrm{arccosh}\left(\dfrac{\omega_1}{\omega_c}\right)} \tag{2.83}$$

从式(2.81)可以确定过渡带和 $\frac{\omega_1}{\omega_c}$ 的关系为

$$\frac{\omega_1}{\omega_c} = \frac{TW}{\omega_c} + 1 \tag{2.84}$$

根据式(2.83)和(2.84),也可以推导出归一化过渡带宽度为

$$TW = \omega_c \cdot \left[\cosh\left(\frac{1}{n} \operatorname{arccosh} \sqrt{10^{\frac{a_2}{10}} - 1} \right) - 1 \right] \tag{2.85}$$

因此,我们可以看到,要得到较窄的过渡带宽度,就需要更高的阶数 n,但是阻带波动的次数也随之增多。

反切比雪夫滤波器特点:

(1)幅频特性是通带单调递减,阻带为等纹波波动。

(2)在给定容许的通带和阻带衰减波动,并给定截止频率 ω_c 和 TW 的情况下,切比雪夫滤波器和反切比雪夫滤波器所需的阶数相同。

(3)同样技术要求条件下,切比雪夫滤波器和反切比雪夫滤波器比巴特沃斯滤波器所需阶数为低。因此,若要求通带响应平滑,反切比雪夫滤波器优于同阶数的巴特沃斯滤波器。若不计较通带波动,则切比雪夫滤波器要更好一些,因为正如我们将要谈到的,它的传递函数比反切比雪夫滤波器简单。如果我们希望得到平滑的响应,则巴特沃斯滤波器是一种常用的良好折衷方案,因为它的传递函数也比反切比雪夫滤波器简单。

(4)在同阶数条件下,反切比雪夫滤波器的群时延特性同巴特沃斯低通滤波器差不多。

(5)反切比雪夫滤波器传递函数不是一种全极点滤波器,实现起来比全极点滤波器麻烦一些。反切比雪夫滤波器的传递函数一般形式如下所示

$$H(s) = \frac{a_m s^m + a_{m-1} s^{m-1} + \cdots + a_1 s + a_0}{b_n s^n + b_{n-1} s^{n-1} + \cdots + b_1 s + b_0} \tag{2.86}$$

式中,a、b 为实常数;m、$n = 1,2,3,\cdots (m \leqslant n)$。

对其进行因式分解后,当 n 为偶数时具有如下形式

$$H(s) = \prod_{k=1}^{\frac{n}{2}} \frac{A_k (s^2 + a_k)}{s^2 + b_k s + c_k} \tag{2.87}$$

当 n 为奇数时具有如下形式

$$H(s) = \frac{A_0}{s + c_0} \prod_{k=1}^{\frac{n-1}{2}} \frac{A_k (s^2 + a_k)}{s^2 + b_k s + c_k} \tag{2.88}$$

式中,A、a、b、c 均为特定常数。

2.6　椭圆滤波器响应

虽然切比雪夫低通滤波器在通带内给出很好的响应,但在阻带内其响应却远非理想。当然,在离通带很远的频率上,理论上的衰减可以比实际需要的大得多。但是另一方面,离通带较近的衰减往往是不够的,而椭圆滤波器恰恰能满足这一要求。

椭圆函数滤波器的幅度响应在通带和阻带内均出现波动,在约定阶数和通带、阻带衰减要求的前提下,它是所有低通滤波器中最好的一种滤波器,具有最窄过渡带。图 2.18 是一个五阶椭圆函数滤波器的幅度响应曲线。

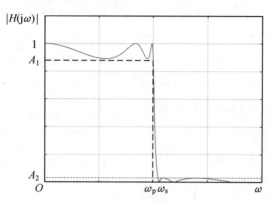

图 2.18　$n = 5$ 的椭圆函数低通滤波器幅频特性

椭圆滤波器的传递函数与反切比雪夫滤波器传递函数具有相同形式,只是其中常数项系数不同,但要计算这些常数的推导过程十分复杂,在这里将不进行推导。在一些滤波器设计手册或滤波器软件中都会给出不同条件下的椭圆滤波器传递函数,如表 2.2 所示给出几种条件下的传递函数,其中

$$\Omega_s = \frac{\omega_s}{\omega_p} \tag{2.89}$$

式中,ω_s 为阻带起始频率;ω_p 为通带边界频率,即通带内最后一次波动到最大值所对应的频率。

表 2.2 中 A_{min}、A_{max} 分别为阻带要求的最小衰减和通带内允许的最大衰减量。

表 2.2　$A_{max} = 0.5$ dB 椭圆滤波器传递函数

(a)$\Omega_s = 1.5$

n	分母常数 K	$H(s)$ 的分子	$H(s)$ 的分母	A_{min}
2	0.385 40	$s^2 + 3.927\ 05$	$s^2 + 1.031\ 53s + 1.603\ 19$	8.3
3	0.314 10	$s^2 + 2.806\ 01$	$(s^2 + 0.452\ 86s + 1.149\ 17)(s^2 + 0.766\ 952)$	21.9
4	0.015 397	$(s^2 + 2.535\ 55)(s^2 + 12.099\ 31)$	$(s^2 + 0.254\ 96s + 1.060\ 44)(s^2 + 0.920\ 01s + 0.471\ 83)$	36.3
5	0.019 197	$(s^2 + 2.425\ 51)(s^2 + 5.437\ 64)$	$(s^2 + 0.163\ 46s + 1.031\ 89)(s^2 + 0.570\ 23s + 0.576\ 01)(s + 0.425\ 97)$	50.6

(b)$\Omega_s = 2.0$

n	分母常数 K	$H(s)$ 的分母 $P(s)$	$H(s)$ 的分子 $E(s)$	$A_{\min}$
2	0.201 33	$s^2 + 7.464\ 1$	$s^2 + 1.245\ 04s + 1.591\ 79$	13.9
3	0.154 24	$s^2 + 5.153\ 21$	$(s^2 + 0.537\ 87s + 1.148\ 49)(s + 0.692\ 12)$	31.2
4	0.003 698 7	$(s^2 + 4.593\ 26)(s^2 + 24.227\ 20)$	$(s^2 + 0.301\ 16s + 1.062\ 5)(s^2 + 0.884\ 56s + 0.410\ 32)$	48.6
5	0.004 620 5	$(s^2 + 4.364\ 95)(s^2 + 10.567\ 73)$	$(s^2 + 0.192\ 55s + 1.034\ 02)(s^2 + 0.580\ 54s + 0.525\ 00)(s + 0.392\ 612)$	66.1

(c)$\Omega_s = 3.0$

n	分母常数 K	$H(s)$ 的分母 $P(s)$	$H(s)$ 的分子 $E(s)$	$A_{\min}$
2	0.083 974	$s^2 + 17.485\ 28$	$s^2 + 1.357\ 15s + 1.555\ 32$	21.5
3	0.063 211	$s^2 + 11.827\ 81$	$(s^2 + 0.589\ 42s + 1.145\ 59)(s^2 + 0.652\ 63)$	42.8
4	0.000 620 46	$(s^2 + 10.455\ 4)(s^2 + 58.471)$	$(s^2 + 0.329\ 79s + 1.063\ 281)(s^2 + 0.862\ 58s + 0.377\ 87)$	64.1
5	0.000 775 47	$(s^2 + 9.895\ 5)(s^2 + 25.076\ 9)$	$(s^2 + 0.210\ 66s + 1.035\ 1)(s^2 + 0.584\ 41s + 0.496\ 388)(s + 0.374\ 52)$	85.5

椭圆滤波器的特点：

(1) 椭圆低通滤波器是通带和阻带都起伏的滤波器。

(2) 椭圆滤波器同样是一种非全极点型滤波器,因此实现与反切比雪夫一样复杂。

(3) 在相同阶数条件下,椭圆滤波器的群时延特性和切比雪夫低通滤波器波形基本相同,但比切比雪夫滤波器更差一些,是四种滤波器中最差的一种。

(4) 在相同技术要求条件下,椭圆滤波器所需要的阶数最少。

2.7　贝塞尔滤波器响应

与前述滤波器传递函数不同,原来我们更关注滤波器的幅频特性,而不重点研究群时延特性,然而在设计通信系统,例如通过同轴电缆或光纤传输信号时,经常会用到延迟滤波器,尤其是数字信号传输中,不为人耳所敏感的延迟在性能上起着极为重要的作用。

四阶切比雪夫滤波器($A_{\max} = 0.5$ dB)的时延特性绘于图 2.19(a),四阶巴特沃斯低通滤波器时延特性绘于图 2.19(b)。椭圆滤波器的波动可能更大。由于这些滤波器的相位特性的非线性,使得他们的时延特性与通带内最大平坦的要求偏离甚远,高频时延比低频时延要大得多。

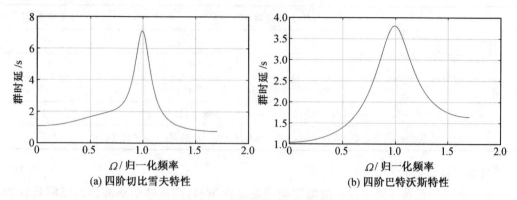

图 2.19　滤波器时延特性

我们的目的是获得一个在通带内尽可能平坦的时延特性。理想时延特性的衰减函数应具有

$$H(s) = e^{sT} \tag{2.90}$$

即

$$H(j\omega) = H(s) \big|_{s=j\omega} = e^{j\omega T} \tag{2.91}$$

$$\tau = \frac{d\theta(t)}{dt} = T \tag{2.92}$$

的形式。研究直流时延 $T_0 = 1$ s 的归一化函数的近似较为方便,即

$$H(s) = e^s \tag{2.93}$$

贝塞尔近似就是逼近这个理想特性的一个多项式。

n 阶贝塞尔多项式 $B_n(s)$ 由下列递推公式定义

$$B_0(s) = 1 \tag{2.94}$$

$$B_1(s) = s + 1 \tag{2.95}$$

及

$$B_n(s) = (2n-1)B_{n-1}(s) + s^2 B_{n-2}(s) \tag{2.96}$$

可以证明,式(2.96)归一化函数可表达为以下贝塞尔近似

$$H(s) = \frac{B_n(s)}{B_n(0)} \tag{2.97}$$

这是 Bessel 滤波器名称的来源。应用这个递推公式,可知 e^s 的高阶近似为

$$H(s)\big|_{n=2} = \frac{(s^2 + 3s + s)}{3} \tag{2.98}$$

$$H(s)\big|_{n=3} = \frac{(s^3 + 6s^2 + 15s + 15)}{15} \tag{2.99}$$

从而获得了高阶 Besssel 滤波器的多项式表达。表 2.3 中给出了五阶以下的归一化贝塞尔近似的因式表示式。如果低频时延为 T_0 s(而不是 1 s),在近似函数中必须用 sT_0 代换 s,阶数 n 越高,平坦时延的频带就越宽。贝塞尔近似的时延特性远比巴特沃斯近似和切比雪夫近似的时延性好。因此,阶跃响应也很好,没有上冲。然而,贝塞尔平坦时延是以牺牲阻带衰减为代价而获得的,它的阻带衰减甚至比巴特沃斯近似的还要低。

表 2.3　因式形式的贝塞尔传递函数

n	$H(s)$ 的分母	分子常数 K
1	$s+1$	1
2	s^2+3s+3	3
3	$(s^2+3.677\,82s+6.459\,44)(s+2.322\,19)$	15
4	$(s^2+5.792\,42s+9.140\,13)(s^2+4.207\,58s+11.487\,8)$	105
5	$(s^2+6.703\,91s+14.272\,5)(s^2+4.649\,34s+18.156\,31)(s+3.646\,74)$	945

贝塞尔滤波器特点：

（1）如果说巴特沃斯滤波器的幅度响应是最平坦的,则贝塞尔滤波器的延时特性就是最平坦的了。

（2）贝塞尔滤波器是一种全极点型滤波器,它与切比雪夫和巴特沃斯滤波器具有相同传递函数式,只是系数不同。

（3）在相同阶数条件下,贝塞尔滤波器的幅频特性是最差的,但相频特性是最好的,即通带内群时延近似为一个常数。

（4）贝塞尔滤波器的幅频特性从它的最大值开始单调减小,这个最大值出现在零频率点。这种情况和巴特沃斯滤波器有相似之处,只是幅度衰减的速度要比巴特沃斯滤波器慢得多。

2.8　频率变换

虽然到目前为止,大多数的讨论是围绕归一化低通结构进行的,但这并不意味着它们是最通用的滤波器。实际上,这样来限定的原因是：

（1）归一化低通滤波器是最容易实现的。

（2）大多数的高通、带通、带阻以及其他低通滤波要求容易从归一化低通结构通过一种适当的变换方法来满足。

图 2.20 给出了频率变换的方法。

2.8.1　低通到高通的变换

假定我们要求的传递函数是一个高通滤波器,其截止频率 ω_c。该滤波器的理想响应如图 2.21 所示。从这里可以看出,频率变换式必须能将低通的 $\Omega=0$ 映射到高通的 $\omega=\infty$,将低通的 $\Omega=\mp1$ 映射到高通的 $\pm\omega_c$。因此所要求的低通到高通的变换式为

$$S=\frac{\omega_c}{s} \tag{2.100}$$

这一点可以用图 2.21 所示的高通滤波器函数的变换加以证明,负频率域函数图形与正频率域图形关于纵轴对称。对于虚轴上的频率 $S=j\Omega$,而 $s=j\omega$,因此有

$$\Omega=-\frac{\omega_p}{\omega} \tag{2.101}$$

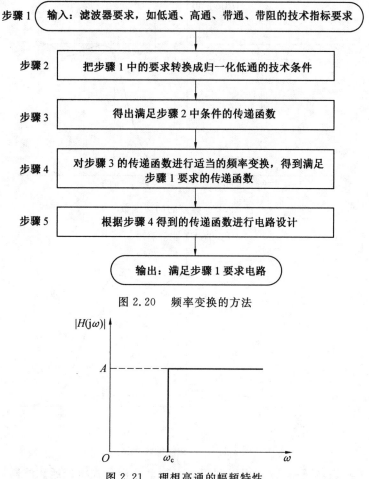

步骤 1　输入：滤波器要求，如低通、高通、带通、带阻的技术指标要求

步骤 2　把步骤 1 中的要求转换成归一化低通的技术条件

步骤 3　得出满足步骤 2 中条件的传递函数

步骤 4　对步骤 3 的传递函数进行适当的频率变换，得到满足步骤 1 要求的传递函数

步骤 5　根据步骤 4 得到的传递函数进行电路设计

输出：满足步骤 1 要求电路

图 2.20　频率变换的方法

图 2.21　理想高通的幅频特性

用该式可以将高通滤波器通带的边界频率 ω_p 变换为低通滤波器的频率 -1。由于频率特性关于纵轴对称，因此高通滤波器的频率 $-\omega_p$ 将变换为低通滤波器的频率 $+1$(图 2.22)，再对高通滤波器的阻带边界频率 ω_s、直流(零频率)和无穷大频率进行变换，就得到高通与低通滤波器之间的关系见表 2.4。一般来说，高通的通带($\omega_p \sim \infty$)变换为低通的通带($0 \sim 1$)，高通的阻带($0 \sim \omega_s$)变换为低通的阻带($\frac{\omega_p}{\omega_s} \sim \infty$)。因此式(2.101)把高通传递函数 $H_{HP}(s)$ 变换为在 S 平面定义的低通滤波器传递函数 $H_{LP}(s)$(图 2.23)。

表 2.4　频率变换表

高通(ω)	低通(Ω)
$\pm\omega_p$	∓ 1
$\pm\omega_s$	$\mp\dfrac{\omega_p}{\omega_s}$
0	∞
∞	0

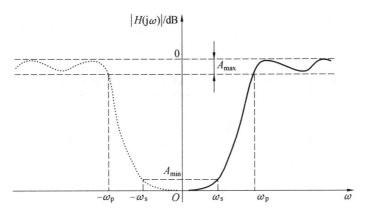

图 2.22　典型的高通函数

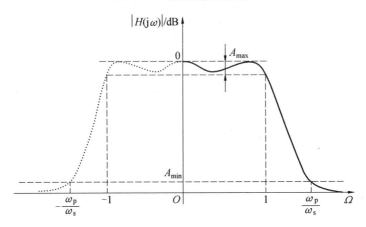

图 2.23　归一化低通函数

因此,为了实现高通滤波器,可以利用下面频率变换公式将低通滤波器变换到高通滤波器

$$H_{HP}(s) = H_{LP}(S)\big|_{S=\frac{\omega_p}{s}} \qquad (2.102)$$

对于给定的高通滤波器的技术指标 A_{max}、A_{min}、ω_p、ω_s 我们首先用式(2.102)把这些技术要求变换为归一化低通滤波器的技术指标 A_{max}、A_{min}、1、$\dfrac{\omega_p}{\omega_s}$。

然后用巴特沃斯、切比雪夫、椭圆或其他滤波器的传递函数表示这些低通要求,最后用式(2.102)把求得的归一化低通滤波器函数 $H_{LP}(S)$ 变换成所要求的高通滤波器函数。

例 2.1　根据下面高通滤波器的技术指标要求,求出满足这一要求的巴特沃斯高通滤波器的传递函数,滤波器增益为 0 dB。

$$A_{min}\big|_{\omega=\omega_s}=15 \text{ dB}, A_{max}\big|_{\omega=\omega_p}=3 \text{ dB}, \omega_p=1\,000 \text{ rad/s}, \omega_s=500 \text{ rad/s}$$

解　(1)归一化低通滤波器的技术指标要求:

$$A_{min}\big|_{\Omega=2}=15 \text{ dB}, A_{max}\big|_{\Omega=1}=3 \text{ dB}, \Omega_p=1, \Omega_s=\frac{\omega_p}{\omega_s}=2$$

(2)求满足归一化低通滤波器指标的巴特沃斯传递函数。

首先根据技术要求求出低通传递函数的阶数 n

$$n \geqslant \frac{\lg \left(10^{0.1A_{\min}} - 1\right)^{\frac{1}{2}}}{\lg \Omega_s} = \frac{\lg \left(10^{0.1 \times 15} - 1\right)^{\frac{1}{2}}}{\lg 2} = 2.4 \qquad (2.103)$$

可见为了满足技术指标要求，n 的最小值为 2.4，由于 n 为整数，因此 n 取 3，求出传递函数

$$H_{LP}(S) = \frac{A_0}{S+1} \prod_{k=1}^{\frac{n-1}{2}} \frac{A_k}{S^2 + a_k S + 1}$$

$$= \frac{1}{S+1} \prod_{k=1}^{1} \frac{1}{S^2 + S + 1}$$

$$= \frac{1}{(S^2 + S + 1)(S+1)} \left(\text{其中}, a_k = 2\sin \frac{(2k-1)\pi}{2n}\right) \quad (2.104)$$

也可以根据巴特沃斯滤波器带外特性 $6n$ dB/ 倍频程进行计算，因为本例中带外要求最小衰减 15 dB，为了满足这一要求，n 应该取 3。

（3）低通到高通频率变换。

由式(2.104)，用 $1\,000/s$ 代换 S，即得相应的高通滤波器函数

$$H_{HP}(S) = \frac{s^3}{(s^2 + 1\,000s + 10^6)(s + 1\,000)} \qquad (2.105)$$

该函数具有巴特沃斯滤波器特性，即在 ∞ 处是最平坦的，并满足规定的高通技术指标。

2.8.2　低通到带通的变换

从低通到带通的变换可用类似的方法处理。先寻求一个函数，该函数能够把低通滤波器响应的通带和阻带变换为带通滤波器的响应。考虑变换函数是

$$S = \frac{s^2 + \omega_0^2}{Bs} \qquad (2.106)$$

式中，$B = \omega_2 - \omega_1$ 是带通滤波器的带宽；$\omega_0 = \sqrt{\omega_1 \omega_2}$ 是通带的中心频率(几何平均值)。

为了说明上式，让我们对图 2.24 所示的带通函数进行变换。对于虚轴上的频率 $s = j\omega$ 和 $S = j\Omega$，有

$$\Omega = -\frac{-\omega^2 + \omega_0^2}{(\omega_2 - \omega_1)\omega} \qquad (2.107)$$

利用这个公式，可将带通滤波器的通带中心频率 ω_0 变换为

$$\Omega_0 = -\frac{-\omega_0^2 + \omega_0^2}{(\omega_2 - \omega_1)\omega_0} = 0 \qquad (2.108)$$

通带边界频率 ω_1 变换为低通的频率为

$$\Omega_1 = -\frac{-\omega_1^2 + \omega_0^2}{(\omega_2 - \omega_1)\omega_1} = -1 \qquad (2.109)$$

通带边界频率 ω_2 变换为低通的频率为

$$\Omega_2 = -\frac{-\omega_2^2 + \omega_0^2}{(\omega_2 - \omega_1)\omega_1} = +1 \qquad (2.110)$$

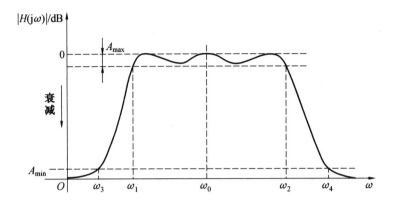

图 2.24　典型的带通函数

由此可见,带通滤波器的通带($\omega_1 \sim \omega_2$)变换到频率($-1 \sim +1$)。

阻带边界频率 ω_3 变换为低通的频率为

$$\Omega_3 = -\frac{-\omega_3^2 + \omega_0^2}{(\omega_2 - \omega_1)\omega_3} \tag{2.111}$$

阻带边界频率 ω_4 变换为低通的频率为

$$-\Omega_4 = -\frac{-\omega_4^2 + \omega_0^2}{(\omega_2 - \omega_1)\omega_4} \tag{2.112}$$

若阻带对中心频率呈几何对称,即

$$\omega_0 = \sqrt{\omega_3 \omega_4} \tag{2.113}$$

由式(2.113)可知,ω_3 和 ω_4 可以变换为低通滤波器通带的两个边界频率,则

$$\Omega_3 = -\frac{\omega_4 - \omega_3}{\omega_2 - \omega_1} \tag{2.114}$$

$$\Omega_4 = \frac{\omega_4 - \omega_3}{\omega_2 - \omega_1} = -\Omega_3 \tag{2.115}$$

归一化低通函数如图 2.25 所示。

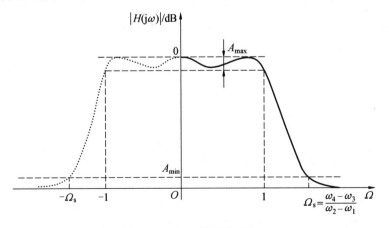

图 2.25　归一化低通函数

于是带通函数的阻带就是变换为低通滤波器函数的阻带($\Omega_s \sim \infty$)和($-\Omega_s \sim -\infty$),

其中

$$\Omega_s = \frac{\omega_4 - \omega_3}{\omega_2 - \omega_1} \tag{2.116}$$

由以上的变换过程可以看出,低通函数向带通函数的转换关系是

$$H_{BP}(s) = H_{LP}(S)\big|_{S=(s^2+\omega_0^2)/Bs} \tag{2.117}$$

因此,带通滤波器设计步骤与高通设计近似。一般地,带通指标是

$$A_{\max}, A_{\min}, \omega_0, \omega_1, \omega_2, \omega_3, \omega_4 \tag{2.118}$$

这时可获得归一化低通参数要求

$$A_{\max}, A_{\min}, \Omega_p = 1, \Omega_s = \frac{\omega_4 - \omega_3}{\omega_2 - \omega_1} \tag{2.119}$$

式中,$A_{\max}$ 是在通带上、下边缘 ω_1、ω_2 处允许的相同的最大衰减;$A_{\min}$ 是阻带上、下边界 ω_3、ω_4 处允许的相同的最小衰减。

并且带通滤波器的边界频率 ω_1、ω_2、ω_3、ω_4 满足

$$\omega_1\omega_2 = \omega_3\omega_4 = \omega_0^2 \tag{2.120}$$

以上称为通带及衰减对称条件。

通过归一化低通滤波器的技术指标要求,可以求得低通传递函数 $H_{LP}(S)$,然后将 $S = \dfrac{s^2 + \omega_0^2}{Bs}$ 代入 $H_{LP}(S)$ 便可以得到带通滤波器的传递函数 $H_{BP}(s)$。

在实际应用中如果遇到 $\omega_3\omega_4 \neq \omega_1\omega_2$ 以及 $A_{\min1}\big|_{\omega=\omega_3} \neq A_{\min2}\big|_{\omega=\omega_4}$ 这种非对称边界条件的情况,可以将阻带的衰减增大到 $A_{\min2}$,并把 ω_4 减少至 ω'_4,使得

$$\omega_3\omega'_4 = \omega_1\omega_2 \tag{2.121}$$

于是便得到一个新的具有几何对称性的带通滤波器技术要求,根据指标要求得到新的传递函数的要求更加严格,能够满足原来的不对称技术要求,然而,新的传递函数要复杂些,相应的电路实现也会复杂一些。

2.8.3　低通到带阻的变换

本节讨论对称带阻技术要求的频率变换问题,即满足

$$\omega_1\omega_2 = \omega_3\omega_4 \tag{2.122}$$

式中,$\omega_3 \sim \omega_4$ 是阻带范围;$0 \sim \omega_1$ 和 $\omega_2 \sim \infty$ 是通带范围。

带阻滤波器函数 $H_{BR}(s)$ 与相应的归一化低通函数 $H_{LP}(S)$ 之间的频率变换关系为

$$S = \frac{Bs}{s^2 + \omega_0^2} \tag{2.123}$$

式中,$B = \omega_2 - \omega_1$ 是通带宽度;$\omega_0 = \sqrt{\omega_1\omega_2}$ 是阻带中心频率。

把式(2.123)的变换关系应用于图 2.26 所示的带阻函数。对于虚轴上的频率 $s = j\omega$ 和 $S = j\Omega$,有

$$\Omega = \frac{(\omega_2 - \omega_1)\omega}{-\omega^2 + \omega_0^2} \tag{2.124}$$

同带通的频率变换类似,可以证明,带阻的频率 ω_0、ω_1、ω_2、ω_3、ω_4 可变换如下:
带阻滤波器的阻带 $\omega_3 \sim \omega_4$ 变换为低通滤波器的阻带 $\Omega_s \sim \infty$ 和 $-\Omega_s \sim -\infty$,其中

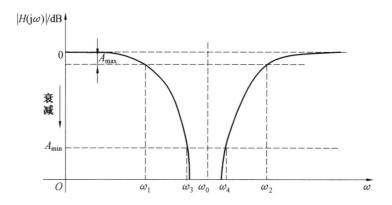

图 2.26　典型的带阻函数

$$\Omega_{\mathrm{s}} = \frac{\omega_2 - \omega_1}{\omega_4 - \omega_3} \tag{2.125}$$

而带阻滤波器的通带变换为 $-1 \sim +1$。

利用下面频率变换

$$H_{\mathrm{BR}}(s) = H_{\mathrm{LP}}(S) \big|_{S = Bs \big/ (s^2 + \omega_0^2)} \tag{2.126}$$

可由低通滤波器函数 $H_{\mathrm{LR}}(S)$ 求得带阻滤波器函数 $H_{\mathrm{BR}}(s)$。

为了实现图 2.26 所示的带阻滤波器技术要求,首先要把带阻滤波器的技术要求变换为低通滤波器的技术要求

$$A_{\max}, A_{\min}, \Omega_{\mathrm{p}} = 1, \Omega_{\mathrm{s}} = \frac{\omega_2 - \omega_1}{\omega_4 - \omega_3} \tag{2.127}$$

可以用巴特沃斯、切比雪夫、椭圆或贝塞尔实现这个低通技术要求。最后用式(2.126)把低通近似函数 $H_{\mathrm{LP}}(S)$ 变换为所求的带阻函数。

归一化低通函数如图 2.27 所示。

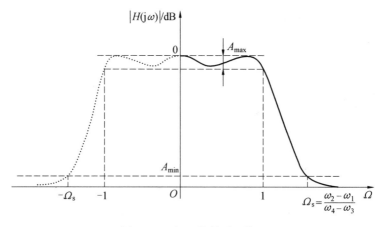

图 2.27　归一化低通函数

第3章　元件灵敏度

在前面章节中,我们讨论了满足给定频域或时域技术指标要求的滤波器传递函数的求解方法,通过实际的工程需求选择一种合适的电路结构去实现该传递函数,然后利用传递函数的系数就可以计算电路元件的值,这个过程称为滤波器综合,它包含两个步骤:

(1) 选取合适的有源网络的结构;

(2) 计算各元件的数值。

为了完成诸如波的整形或信号处理等功能,我们要设计有源滤波器,而在许多可能的设计中所给定的几乎都是理想元件,可是,在实际工作中由于制造公差和诸如温度、湿度、周围环境条件的变化,以及元件老化作用引起的化学变化等,必然会导致实际元件偏离它的额定值,因而会使实际滤波器的性能不同于常规设计性能,这导致网络传递函数偏离了它的额定值。网络元件变化和由此而引起的网络传递函数变化之间的因果关系通称为灵敏度。使这种变化为最小或使灵敏度降低的方法之一是选取具有较小的制造公差,较低的温度、湿度和老化系数的元件。然而,这种方法将常常使网络变得比所需要的更昂贵。一种切实可行的解决办法是要设计对元件变化具有低灵敏度的网络,这在有源滤波器的设计中是特别重要的,对灵敏度的深刻了解是设计实际有源滤波器的关键。在这一章,我们将研究网络函数对参数变化的灵敏度。

3.1　灵敏度

3.1.1　灵敏度定义

当自变量 x 变化时,应变量 y 所受影响的大小。

设 $y = f(x)$,当 x 改变了 Δx,即 $x = x + \Delta x$ 时,y 变化了 Δy,即 $y = y + \Delta y$,则

$$\Delta y = f(x + \Delta x) - f(x) = \sum_{n=1}^{\infty} \frac{\partial^n f(x)}{n!} \frac{(\Delta x)^n}{\partial x^n} \tag{3.1}$$

将式(3.1)展开可得

$$\Delta y = \left(\frac{\partial y}{\partial x} \cdot \Delta x \right) + \left[\frac{\partial^2 y}{2! \, \partial x^2} \cdot (\Delta x)^2 \right] + \left[\frac{\partial^3 y}{3! \, \partial x^3} \cdot (\Delta x)^3 \right] + \cdots \tag{3.2}$$

构造如下等式:

$$\frac{\Delta y}{y} = \left[\frac{x}{y} \cdot \frac{\partial y}{\partial x} \right] \left(\frac{\Delta x}{x} \right) + \frac{1}{2!} \left[\frac{x^2}{y} \cdot \frac{\partial^2 y}{\partial x^2} \right] \left(\frac{\Delta x}{x} \right)^2 + \cdots + \frac{1}{n!} \left[\frac{x^n}{y} \cdot \frac{\partial^n y}{\partial x^n} \right] \left(\frac{\Delta x}{x} \right)^n + \cdots \tag{3.3}$$

当 Δx 变化很小时,$\frac{\Delta x}{x}$ 很小,则高次项可以忽略不计,则

$$\lim_{\Delta x \to \infty} \left(\frac{\Delta y}{y} \right) = \left(\frac{x}{y} \cdot \frac{\partial y}{\partial x} \right) \cdot \left(\frac{\Delta x}{x} \right) \tag{3.4}$$

因此灵敏度的数学表达式为

$$S_x^y = \lim_{\Delta x \to \infty} \frac{\left(\dfrac{\Delta y}{y} \right)}{\left(\dfrac{\Delta x}{x} \right)} = \frac{x}{y} \cdot \frac{\partial y}{\partial x} \tag{3.5}$$

也可以记作

$$S_x^y = \frac{\mathrm{d}(\ln y)}{\mathrm{d}(\ln x)} \tag{3.6}$$

式(3.6)就是 y 对 x 的灵敏度,严格地说是 y 对 x 的一阶灵敏度。若 y 代表电路的网络函数, x 代表某个元件,一般变化低于 5% ,用一阶灵敏度表示可以认为是足够精确的了。

这样 x 和 y 的变化都被"标称"化了,这就是 Δy 除以 y 和 Δx 除以 x ,所以 S_x^y 就是两个标称变化(或两个百分数)之比。例如,如果 $S_x^y = 0.5$,在 x 中 2% 的变化将在 y 中引起 1% 的变化。

3.1.2 灵敏度恒等式

根据灵敏度的定义,可推出灵敏度关系的若干恒等式,如表3.1所示。

表 3.1 灵敏度恒等式

$S_x^x = 1$	$S_x^{Cx} = 1$
$S_x^{Cx^n} = n$	$S_x^{y^n} = nS_x^y$
$S_{x^n}^y = \dfrac{1}{n}S_x^y$	$S_x^{Cy} = S_x^y$
$S_x^y = S_{u_1}^y \cdot S_x^{u_1} + S_{u_2}^y \cdot S_x^{u_2} + \cdots$,其中 $y = y(u_1, u_2, \cdots, u_n)$	
$S_x^y = S_x^{\lvert y \rvert} + \mathrm{j}\varphi S_x^\varphi$	$S_x^{\lvert y \rvert} = \mathrm{Re}S_x^y$
$S_x^{u \cdot v} = S_x^u + S_x^v$	$S_x^{\frac{u}{v}} = S_x^u - S_x^v$
$S_x^{\frac{1}{y}} = -S_x^y$	$S_{\frac{1}{x}}^y = -S_x^y$
$S_x^{y+c} = \dfrac{y}{y+c}S_x^y$	$S_{cx}^y = S_x^y$

3.2　常用灵敏度

本节主要研究传递函数的增益和相位的灵敏度、频率和品质因数的灵敏度。

3.2.1 增益和相位灵敏度

传递函数 $H(s)$ 对网络中某一个元件的灵敏度可以表示为

$$S_x^{H(s)} = \frac{\dfrac{\mathrm{d}H(s)}{H(x)}}{\dfrac{\mathrm{d}x}{x}} = \frac{\mathrm{d}[\ln H(x)]}{\mathrm{d}(\ln x)} \tag{3.7}$$

在频域内，$s = j\omega$，则传递函数可以表达为模和幅角的形式，即增益和相位形式

$$H(j\omega) = |H(j\omega)| \cdot e^{j\varphi(\omega)} \tag{3.8}$$

$$\ln(H(j\omega)) = \ln(|H(j\omega)|) + j\varphi(\omega) = G(\omega) + j\varphi(\omega) \tag{3.9}$$

$G(\omega)$、$\varphi(\omega)$ 分别为传递函数增益和相位函数，则传递函数灵敏度为

$$S_x^{H(j\omega)} = \frac{dG(\omega)}{dx/x} + j\frac{d\varphi(\omega)}{dx/x} \tag{3.10}$$

可以由增益灵敏度和相位灵敏度表示：

增益灵敏度

$$S_x^{G(\omega)} = \frac{dG(\omega)}{dx/x} = \frac{d[\ln G(\omega)]}{d(\ln x)} \tag{3.11}$$

相位灵敏度

$$S_x^{\varphi(\omega)} = \frac{d\varphi(\omega)}{dx/x} = \frac{d[\ln \varphi(\omega)]}{d(\ln x)} \tag{3.12}$$

从增益灵敏度可以求出元件变化时的相对变化，如果变化不大，可以认为 $\frac{\Delta G(\omega)}{\Delta x/x} \rightarrow \frac{dG(\omega)}{dx/x}$，于是有

$$\Delta G(\omega) = S_x^{G(\omega)} \cdot \left(\frac{\Delta x}{x}\right)(dB) = 8.686 S_x^{G(\omega)} \cdot \left(\frac{\Delta x}{x}\right)(dB) \tag{3.13}$$

例如某滤波器技术指标要求通带内增益波动起伏不超过 0.1 dB，元器件最大变化可达 1%，则 $S_x^{G(\omega)}$ 约不能超过 1。如果元件最大变化不超过 0.1%，则 $S_x^{G(\omega)}$ 最大约等于 10。可见灵敏度越高，要求元件变化的范围就越小。

当传递函数 $H(s)$ 为分式时，$H(s)$ 的增益灵敏度可分别求出幅度函数对各个系数的灵敏度和各个系数对元件的灵敏度，再求其乘积和。如 n 次多项式表示为

$$H(s) = \frac{\sum\limits_{i=1}^{n} b_i s^i}{\sum\limits_{i=1}^{n} a_i s^i} \tag{3.14}$$

则传递函数的增益灵敏度为

$$S_x^{G(\omega)} = \sum_{i=1}^{n} S_{b_i}^{G(\omega)} \cdot S_x^{b_i} - \sum_{i=1}^{n} S_{a_i}^{G(\omega)} \cdot S_x^{a_i} \tag{3.15}$$

同理，传递函数的相位灵敏度为

$$S_x^{\varphi(\omega)} = \sum_{i=1}^{n} S_{b_i}^{\varphi(\omega)} \cdot S_x^{b_i} - \sum_{i=1}^{n} S_{a_i}^{\varphi(\omega)} \cdot S_x^{a_i} \tag{3.16}$$

例 3.1 求传递函数 $H(s) = \dfrac{b_2 s^2 + b_1 s + b_0}{a_2 s^2 + a_1 s + a_0}$ 的增益灵敏度和相位灵敏度。

解 令 $s = j\omega$，则增益对各个系数的灵敏度为

$$\begin{cases} S_{a_2}^{G(\omega)} = \dfrac{-a_2\omega^2(a_0 - a_2\omega^2)}{(a_0 - a_2\omega^2)^2 + (a_1\omega)^2} \\[3mm] S_{a_1}^{G(\omega)} = \dfrac{(a_1\omega)^2}{(a_0 - a_2\omega^2)^2 + (a_1\omega)^2} \\[3mm] S_{a_0}^{G(\omega)} = \dfrac{a_0(a_0 - a_2\omega^2)}{(a_0 - a_2\omega^2)^2 + (a_1\omega)^2} \end{cases} \tag{3.17}$$

$$\begin{cases} S_{b_2}^{G(\omega)} = \dfrac{-b_2\omega^2(b_0 - b_2\omega^2)}{(b_0 - b_2\omega^2)^2 + (b_1\omega)^2} \\[3mm] S_{b_1}^{G(\omega)} = \dfrac{(b_1\omega)^2}{(b_0 - b_2\omega^2)^2 + (b_1\omega)^2} \\[3mm] S_{b_0}^{G(\omega)} = \dfrac{b_0(b_0 - b_2\omega^2)}{(b_0 - b_2\omega^2)^2 + (b_1\omega)^2} \end{cases} \tag{3.18}$$

可以看出

$$\sum_{i=1}^{2} S_{a_i}^{G(\omega)} = \sum_{i=1}^{2} S_{b_i}^{G(\omega)} = 1 \tag{3.19}$$

由式(3.15)可见增益灵敏度就是各个系数对元件灵敏度以不同的权重相加。

相位对各个系数的灵敏度为

$$\begin{cases} S_{a_2}^{\varphi(\omega)} = \dfrac{a_1 a_2\omega^2}{(a_0 - a_2\omega^2)^2 + (a_1\omega)^2} \\[3mm] S_{a_1}^{\varphi(\omega)} = \dfrac{a_1\omega^2(a_0 - a_2\omega^2)}{(a_0 - a_2\omega^2)^2 + (a_1\omega)^2} \\[3mm] S_{a_0}^{\varphi(\omega)} = \dfrac{-a_0 a_1\omega}{(a_0 - a_2\omega^2)^2 + (a_1\omega)^2} \end{cases} \tag{3.20}$$

$$\begin{cases} S_{b_2}^{\varphi(\omega)} = \dfrac{b_1 b_2\omega^2}{(b_0 - b_2\omega^2)^2 + (b_1\omega)^2} \\[3mm] S_{b_1}^{\varphi(\omega)} = \dfrac{b_1\omega^2(b_0 - b_2\omega^2)}{(b_0 - b_2\omega^2)^2 + (b_1\omega)^2} \\[3mm] S_{b_0}^{\varphi(\omega)} = \dfrac{-b_0 b_1\omega}{(b_0 - b_2\omega^2)^2 + (b_1\omega)^2} \end{cases} \tag{3.21}$$

可以看出

$$\sum_{i=1}^{2} S_{a_i}^{\varphi(\omega)} = \sum_{i=1}^{2} S_{b_i}^{\varphi(\omega)} = 0 \tag{3.22}$$

计算通带内最高灵敏度,应以 $H(\mathrm{j}\omega)$ 最大的角频率 $\omega_{\max}$ 代替 ω。由于实际计算比较烦琐,常用其他形式的灵敏度来分析,当然也可以利用计算机编程的方式进行计算。

3.2.2 ω 和 Q 灵敏度

实际工程应用中,在有源滤波器设计时,经常使用二阶函数滤波器进行综合,因此需要对 ω 和 Q 灵敏度进行评价,这在多数场合,要比用增益和相位灵敏度更为方便。

双二次型滤波器的传递函数一般可以表示为

$$H(s) = K \frac{s^2 + \dfrac{\omega_z}{Q_z}s + \omega_z^2}{s^2 + \dfrac{\omega_p}{Q_p}s + \omega_p^2} \tag{3.23}$$

式中, ω_z、Q_z、ω_p、Q_p 分别是传递函数的零点频率、零点品质因数、极点频率、极点品质因数。

那么零点频率、品质因数、增益对电阻、电容的灵敏度分别为

$$\begin{cases} S_R^{\omega_z} = \dfrac{R}{\omega_R} \cdot \dfrac{\partial \omega_z}{\partial R}, \ S_C^{\omega_z} = \dfrac{C}{\omega_R} \cdot \dfrac{\partial \omega_z}{\partial C} \\[3mm] S_R^{Q_z} = \dfrac{R}{Q_z} \cdot \dfrac{\partial Q_z}{\partial R}, \ S_C^{Q_z} = \dfrac{C}{Q_z} \cdot \dfrac{\partial Q_z}{\partial C} \\[3mm] S_R^K = \dfrac{R}{K} \cdot \dfrac{\partial K}{\partial R}, \ S_C^K = \dfrac{C}{K} \cdot \dfrac{\partial K}{\partial C} \end{cases} \tag{3.24}$$

同理,零点频率、品质因数、增益对电阻、电容的灵敏度分别为

$$\begin{cases} S_R^{\omega_p} = \dfrac{R}{\omega_p} \cdot \dfrac{\partial \omega_p}{\partial R}, \ S_C^{\omega_p} = \dfrac{C}{\omega_p} \cdot \dfrac{\partial \omega_p}{\partial C} \\[3mm] S_R^{Q_p} = \dfrac{R}{Q_p} \cdot \dfrac{\partial Q_p}{\partial R}, \ S_C^{Q_p} = \dfrac{C}{Q_p} \cdot \dfrac{\partial Q_p}{\partial C} \end{cases} \tag{3.25}$$

例 3.2　如图 3.1 所示,无源电路的传递函数为

$$H(s) = \frac{V_o}{I} = \frac{1}{C} \cdot \frac{s}{s^2 + \dfrac{1}{RC}s + \dfrac{1}{LC}} \tag{3.26}$$

试计算 K、ω_p、Q_p 对无源元件的灵敏度。

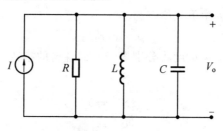

图 3.1　无源电路

解　由式(3.23)可得双二次型的参数

$$\begin{cases} K = \dfrac{1}{C} \\[3mm] \omega_p = \dfrac{1}{\sqrt{LC}} \\[3mm] Q_p = R\sqrt{\dfrac{C}{L}} \end{cases} \tag{3.27}$$

用上述一些灵敏度关系式可得

$$\begin{cases} S_C^K = S_C^{\frac{1}{C}} = -S_C^C = -1 \\[2mm] S_L^{\omega_p} = S_L^{1/\sqrt{LC}} = -\frac{1}{2} S_L^{LC} = -\frac{1}{2} \\[2mm] S_C^{\omega_p} = -S_C^{\sqrt{LC}} = -\frac{1}{2} \\[2mm] S_R^{Q_p} = S_R^{R\sqrt{\frac{C}{L}}} = 1 \\[2mm] S_C^{Q_p} = \frac{1}{2} S_C^{\frac{R^2 C}{L}} = \frac{1}{2} \\[2mm] S_L^{Q_p} = \frac{1}{2} S_L^{\frac{R^2 C}{L}} = -\frac{1}{2} S_L^{\frac{L}{R^2 C}} = -\frac{1}{2} \end{cases} \qquad (3.28)$$

注:(1) 这里所有的灵敏度的值都小于 1。灵敏度等于 1 表示元件 1% 的变化将引起滤波器参数 1% 的变化,这样的值认为是低的灵敏度。

(2) 我们注意到所求灵敏度的值就等于该元件的指数。例如在极点 Q 的表达式中

$$Q_p = R\sqrt{\frac{C}{L}} \qquad (3.29)$$

其灵敏度是

$$\begin{cases} S_R^{Q_p} = 1 \\[2mm] S_C^{Q_p} = \frac{1}{2} \\[2mm] S_L^{Q_p} = -\frac{1}{2} \end{cases} \qquad (3.30)$$

一般来说,如果参数 p 由下式给定为

$$p = x_1^a x_2^b x_3^c \qquad (3.31)$$

那么 p 对 x_1、x_2、x_3 的灵敏度将分别等于它们各自的指数,也就是

$$\begin{cases} S_{x_1}^p = a \\[2mm] S_{x_2}^p = b \\[2mm] S_{x_3}^p = c \end{cases} \qquad (3.32)$$

ω_p 对 R 的灵敏度为 0,因而 R 的任何变化都不影响这个极点频率。如果希望调整 Q_p 时不影响 ω_p,这个特点就很有用。

3.2.3 根的灵敏度

增益和相位特性决定于传递函数的零极点位置,因此增益和相位的变化,也可以用零极点的变化来衡量。零点和极点灵敏度,统称为根的灵敏度,因为极点和零点分别是传递函数的分母和分子的根。

设极点(或零点)位置 p_i,它通常为复数,即 $p_i = \sigma_i + j\omega_i$。

极点(或零点)对 x 的灵敏度定义为

$$S_x^{p_i} = \frac{\mathrm{d}p_i}{\mathrm{d}x/x} \qquad (3.33)$$

于是有

$$S_x^{p_i} = \frac{\mathrm{d}\sigma_i}{\mathrm{d}(\ln x)} + \mathrm{j}\frac{\mathrm{d}\omega_i}{\mathrm{d}(\ln x)} = S_x^{\sigma_i} + \mathrm{j}S_x^{\omega_i} \tag{3.34}$$

设分母多项式(不限于二阶)写成

$$D(S) = A(S) + XB(S) \tag{3.35}$$

其中 $A(S)$ 和 $B(S)$ 都是不含 x 的多项式(x 是电路的某一个参量),又设 p_i 是传递函数的极点,即是 $D(s)$ 的根,则

$$D(p_i) = A(p_i) + XB(p_i) = 0 \tag{3.36}$$

又设当 x 变为 $x + \Delta x$ 时,p_i 变为 $p_i + \Delta p_i$,则

$$A(p_i + \Delta p_i) + (x + \Delta x)B(p_i + \Delta p_i) = 0 \tag{3.37}$$

设 $A(S) = a_0 + a_1 S + a_2 S^2 + a_3 S^3 + \cdots$,将 S 以 $s + \Delta s$ 代替,则

$$\begin{aligned} A(s + \Delta s) = a_0 &+ a_1 s + a_2 s^2 + a_3 s^3 + \cdots + \\ &\Delta s(a_1 + 2a_2 s + 3a_3 s^2 + \cdots) + \\ &(\Delta s)^2(a_2 + 3a_3 s + \cdots) \end{aligned} \tag{3.38}$$

如果 Δs 比较小,可以略去二阶以上各项,可得

$$A(s + \Delta s) = A(s) + \Delta s A'(s) \tag{3.39}$$

式中,$A'(s) = \dfrac{\mathrm{d}A(s)}{\mathrm{d}s}$。

同样可得

$$B(s + \Delta s) = B(s) + \Delta s B'(s) \tag{3.40}$$

式中,$B'(s) = \dfrac{\mathrm{d}B(s)}{\mathrm{d}s}$。

则式(3.37)可变为

$$A(p_i) + \Delta p_i A'(p_i) + (x + \Delta x)[B(p_i) + \Delta p_i B'(p_i)] = 0 \tag{3.41}$$

如果只保留一阶增量项,则

$$\Delta x \cdot B(p_i) + \Delta p_i[A'(p_i) + XB'(p_i)] = \Delta x \cdot B(p_i) + \Delta p_i D'(p_i) = 0 \tag{3.42}$$

则

$$\frac{\Delta p_i}{\Delta x} = -\frac{B(p_i)}{D'(p_i)} \tag{3.43}$$

其中

$$D'(p_i) = \frac{\mathrm{d}D(s)}{\mathrm{d}s}\Big|_{s = p_i} \tag{3.44}$$

当 $\Delta x \to 0$ 时,式(3.43)左边变为微分形式 $\dfrac{\mathrm{d}p_i}{\mathrm{d}x}$,将式两边各乘以 x 可得

$$\frac{\mathrm{d}p_i}{\mathrm{d}x/x} = -S_x^{p_i} = -\frac{xB(p_i)}{D'(p_i)} \tag{3.45}$$

因此,可以式(3.45)求出传递函数的灵敏度。

例 3.3　求下列传递函数的极点对放大器增益 K 的灵敏度。

$$H(s) = \frac{3K}{s^2 + \left(5 - \dfrac{3}{2}K\right)s + 3}$$

解   分母多项式 $D(s)$ 可以变换为

$$D(s) = (s^2 + 5s + 3) - K\left(\frac{3}{2}s\right)$$

于是

$$A(s) = (s^2 + 5s + 3)$$

$$B(s) = -K\left(\frac{3}{2}s\right)$$

因此

$$S_x^{p_i} = -\frac{xB(p_i)}{D'(p_i)} = \frac{\mathrm{d}D(s)}{\mathrm{d}s}\Big|_{s=p_i} = -\frac{\dfrac{3}{2}Ks}{2s + 5 - \dfrac{3}{2}K}$$

如果极点的移动平行于 $j\omega$ 轴,对稳定度无影响;如果向 $j\omega$ 轴垂直方向移动较小,则相对稳定度将会产生影响。因此对高 Q 极点,不仅希望 $S_x^{p_i}$ 低,更希望其虚部大而实部小。

根的灵敏度与 ω 和 Q 灵敏度(仅限于有源滤波器)有以下关系

$$S_x^{\omega_p} = \mathrm{Re}\, S_x^{p_x} \tag{3.46}$$

$$S_x^{Q_p} = -\sqrt{4Q^2 - 1}\,\mathrm{Im}\, S_x^{p_x} \tag{3.47}$$

当 Q 远大于 1 时

$$S_x^{Q_p} = -2Q\mathrm{Im}\, S_x^{p_x} \tag{3.48}$$

当传递函数的阶数较高时,可以通过根的灵敏度更有效地看出电路的稳定情况。

零点的灵敏度也可以用类似的方法求出,当在考察低通、高通、带通等网络的稳定情况时,主要是研究极点的灵敏度。

3.3   多参量灵敏度

前面所讨论的灵敏度,都是当电路中某一个元件变化时对滤波器参数的影响程度,比如增益、相位、极点频率等。一般来说,我们感兴趣的是由于电路中所有元件同时变化所引起的滤波器参数变化,这正是本节所要讨论的。

当参量变化不大时,可以近似地把式(3.25)认为是 $S_R^{\omega_p} = \dfrac{R}{\omega_p} \cdot \dfrac{\Delta\omega_p}{\Delta R}$,因此

$$\Delta\omega_p = S_R^{\omega_p}\frac{\Delta R}{R}\omega_p \tag{3.49}$$

例如,我们来研究由于电路诸元件 x_i 的偏差所引起 ω_p 的变化(这里的元件可能是电阻、电容、电感或者是描述有源器件的参数)。即当多个参量变化时,将 $\Delta\omega_p$ 展成泰勒级数

$$\Delta\omega_p = \frac{\partial\omega_p}{\partial x_1}\Delta x_1 + \frac{\partial\omega_p}{\partial x_2}\Delta x_2 + \cdots + \frac{\partial\omega_p}{\partial x_m}\Delta x_m + 二次及最高次项$$

式中,m 是电路中元件的总数。

假定元件 x_i 的变化 Δx_i 很小,所以二次项和更高次项都可忽略。这样

$$\Delta\omega_p \approx \sum_{i=1}^m \frac{\partial\omega_p}{\partial x_i}\Delta x_i \tag{3.50}$$

为了把灵敏度表达得更清楚,把式(3.50)写成

$$\Delta \omega_{\mathrm{p}} \approx \sum_{i=1}^{m} \left(\frac{\partial \omega_{\mathrm{p}}}{\partial x_i} \cdot \frac{x_i}{\omega_{\mathrm{p}}} \right) \cdot \frac{\Delta x_i}{x_i} \cdot \omega_{\mathrm{p}} = \sum_{i=1}^{m} S_{x_i}^{\omega_{\mathrm{p}}} \cdot V_{xi} \cdot \omega_{\mathrm{p}} \tag{3.51}$$

式中,$V_{xi} = \dfrac{\Delta x_i}{x_i}$,是元件 x_i 的单位变化,又称为 X 的偏差率。

于是,ω_{p} 的变化率可以写成

$$\frac{\Delta \omega_{\mathrm{p}}}{\omega_{\mathrm{p}}} = \sum_{i=1}^{m} S_{x_i}^{\omega_{\mathrm{p}}} \cdot V_{xi} \tag{3.52}$$

同样,可求得由于诸元件同时有偏差所引起的极点 Q_{p}、ω_z、Q_z、K 的单位变化为

$$\begin{cases} \dfrac{\Delta Q_{\mathrm{p}}}{Q_{\mathrm{p}}} = \displaystyle\sum_{i=1}^{m} S_{x_i}^{Q_{\mathrm{p}}} \cdot V_{xi} \\[2mm] \dfrac{\Delta \omega_z}{\omega_z} = \displaystyle\sum_{i=1}^{m} S_{x_i}^{\omega_z} \cdot V_{xi} \\[2mm] \dfrac{\Delta Q_z}{Q_z} = \displaystyle\sum_{i=1}^{m} S_{x_i}^{Q_z} \cdot V_{xi} \\[2mm] \dfrac{\Delta K}{K} = \displaystyle\sum_{i=1}^{m} S_{x_i}^{K} \cdot V_{xi} \end{cases} \tag{3.53}$$

各种灵敏度可从各参量间相互关系推出。例如求增益对某一元件的灵敏度,则有

$$S_{R_i}^{G} = S_K^{G} S_{R_i}^{K} + S_{\omega_{\mathrm{p}}}^{G} S_{R_i}^{\omega_{\mathrm{p}}} + S_{Q_{\mathrm{p}}}^{G} S_{R_i}^{Q_{\mathrm{p}}} \tag{3.54}$$

例 3.4　如图 3.2 所示的有源 RC 电路实现一个二阶高通函数。试求下列传递函数中的 ω_{p}、Q_{p} 对元件 R_1、R_2、C_1、C_2 及放大器增益 A 的灵敏度表达式。

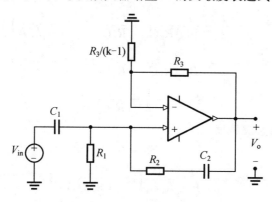

图 3.2　有源 RC 电路

解　根据节点电压法列方程就可以求出电路的传递函数

$$H(s) = \cfrac{s\left(s + \dfrac{1}{R_2 C_2}\right) k \left(1 + \dfrac{k}{A}\right)^{-1}}{s^2 + \left(\dfrac{1}{R_1 C_1} + \dfrac{1}{R_2 C_2} + \dfrac{1}{R_2 C_1}\left(1 - \dfrac{k}{1 + k/A}\right)\right) s + \dfrac{1}{R_1 R_2 C_1 C_2}} \tag{3.55}$$

将该式与标准二阶传递函数进行对比,可以得到滤波器参数与元器件的对应关系

$$\begin{cases} \omega_p = \sqrt{\dfrac{1}{R_1 R_2 C_1 C_2}} \\[2mm] B_w = \dfrac{1}{R_1 C_1} + \dfrac{1}{R_2 C_2} + \dfrac{1}{R_2 C_1}\left(1 - \dfrac{k}{1 + k/A}\right) \\[2mm] Q_p = \dfrac{\omega_p}{B_w} \end{cases} \tag{3.56}$$

ω_p 对元件 R_1、R_2、C_1、C_2 的灵敏度等于它们的指数，即是

$$S_{R_1}^{\omega_p} = S_{R_2}^{\omega_p} = S_{C_1}^{\omega_p} = S_{C_2}^{\omega_p} = -\frac{1}{2} \tag{3.57}$$

Q_p 对元件的灵敏度

$$S_{R_1}^{Q_p} = S_{R_1}^{\frac{\omega_p}{B_w}} = S_{R_1}^{\omega_p} - S_{R_1}^{B_w} \tag{3.58}$$

而有灵敏度关系式

$$S_x^{p_1 \times p_2} = \frac{p_1 S_x^{p_1} + p_2 S_x^{p_2}}{p_1 + p_2} \tag{3.59}$$

因此

$$S_{R_1}^{Q_p} = -\frac{1}{2} - \left[\frac{\dfrac{1}{R_1 C_1}(-1) + \left(\dfrac{1}{R_2 C_2} + \dfrac{1}{R_2 C_1}\left(1 - \dfrac{k}{1 + k/A}\right)\right)(0)}{\dfrac{1}{R_1 C_1} + \dfrac{1}{R_2 C_2} + \dfrac{1}{R_2 C_1}\left(1 - \dfrac{k}{1 + k/A}\right)}\right]$$

$$= -\frac{1}{2} + \frac{1}{R_1 C_1} \cdot \frac{1}{B_w} \tag{3.60}$$

同理

$$S_{R_2}^{Q_p} = -\frac{1}{2} + \frac{1}{B_w}\left(\frac{1}{R_2 C_2} + \frac{1}{R_2 C_1}\left(1 - \frac{k}{1 + k/A}\right)\right) \tag{3.61}$$

$$S_{C_1}^{Q_p} = -\frac{1}{2} + \frac{1}{B_w}\left(\frac{1}{R_1 C_1} + \frac{1}{R_2 C_1}\left(1 - \frac{k}{1 + k/A}\right)\right) \tag{3.62}$$

$$S_{C_2}^{Q_p} = -\frac{1}{2} + \frac{1}{R_2 C_2}\frac{1}{B_w} \tag{3.63}$$

其次，放大器的增益灵敏度

$$S_A^{\omega_p} = 0 \tag{3.64}$$

$$S_A^{Q_p} = -S_A^{B_w} = -\frac{1}{B_w}\left[\frac{1}{R_2 C_1}\left(1 - \frac{k}{1 + k/A}\right) S_A^{-k/R_2 C_1(1 + k/A)}\right]$$

$$= \frac{1}{B_w} \cdot \frac{1}{R_2 C_1} \cdot \frac{k}{1 + k/A} \cdot (-1) S_A^{(1 + k/A)R_2 C_1/k}$$

$$= \frac{1}{B_w} \cdot \frac{1}{R_2 C_1} \cdot \frac{k}{1 + k/A} \cdot (-1) \cdot \frac{\dfrac{k}{A} \cdot \dfrac{R_2 C_1}{k}(-1)}{(1 + k/A)R_2 C_1/k}$$

$$= \frac{1}{A} \cdot \frac{1}{B_w} \cdot \frac{1}{R_2 C_1} \cdot \left(\frac{k}{1 + k/A}\right)^2 \tag{3.65}$$

注：(1) $S_A^{Q_p}$ 的表示式表明可用增加放大器增益的方法来减小灵敏度。特别是对于理想运算放大器，这一项灵敏度就为零。也就是说，极点 Q 对理想放大器的增益是不灵敏的。

（2）应注意 k 值是由电阻 R_A 和 R_B 决定的（$k=1+\dfrac{R_A}{R_B}$），所以不是常数。在计算 ω_p、

Q_p 对 $\dfrac{R_A}{R_B}$ 的灵敏度时，可以先计算对 k 的灵敏度。

（3）ω_p、Q_p 的灵敏度和它们各自的量纲有关。由本例可见

$$S_{R_1}^{Q_p}+S_{R_2}^{Q_p}=0,\quad S_{C_1}^{Q_p}+S_{C_2}^{Q_p}=0 \tag{3.66}$$

$$S_{R_1}^{\omega_p}+S_{R_2}^{\omega_p}=-1,\quad S_{C_1}^{\omega_p}+S_{C_2}^{\omega_p}=-1 \tag{3.67}$$

该极点频率 ω_p 的形式为 $\dfrac{1}{RC}$，具有量纲 $\dim(\omega_p)=\dfrac{1}{RC}$。

而以 $\dfrac{\omega_p}{B_w}$ 给出的极点 Q 是无量纲的量，换言之 $\dim(Q_p)=[R]^0\,[C]^0$。

因此，由该例可以看到，一个参数对所有电阻（或电容）的灵敏度的和等于这个参数的电阻（或电容）的量纲之值。这个性质对于所有的有源 RC 网络都成立。这就叫作量纲的齐次性，其一般形式是

$$\sum S_{R_i}^{Q_p}=\sum S_{C_i}^{Q_p}=0 \tag{3.68}$$

$$\sum S_{R_i}^{\omega_p}=\sum S_{C_i}^{\omega_p}=-1 \tag{3.69}$$

这里的 $\sum$ 是指对全部电阻（或电容）灵敏度之和。

例 3.5　利用例 3.3 的结果。

（1）已知每个无源元件的偏差率为 0.01，放大器增益的偏差率为 0.5。求 ω_p、Q_p 的单位变化之值。

（2）计算在以下条件下，ω_p、Q_p 的单位变化之值

$$R_1=R_2=R,\quad C_1=C_2=R$$
$$Q_p=20,\quad \omega_p=2\pi\times10^4\ \text{rad/s}$$
$$A=1\,000（在频率 10\ \text{kHz} 处）$$

解　（1）已知电路元件的偏差率为

$$V_R=0.01, V_C=0.01, V_A=0.5$$

将这些值代入式（3.52）可得

$$\frac{\Delta\omega_p}{\omega_p}=0.01(S_{R_1}^{\omega_p}+S_{R_2}^{\omega_p}+S_{C_1}^{\omega_p}+S_{C_2}^{\omega_p})+0.5S_A^{\omega_p}$$

利用式（3.57）和式（3.64）代入上式可得

$$\frac{\Delta\omega_p}{\omega_p}=0.01\times\left(-\frac{1}{2}-\frac{1}{2}-\frac{1}{2}-\frac{1}{2}\right)+0.5\times0=-0.02$$

同理可得

$$\frac{\Delta Q_p}{Q_p}=0.5S_A^Q=0.5\times\frac{1}{AR_2C_1}\times\frac{k^2}{\left(1+\dfrac{k}{A}\right)^2}\times\frac{1}{B_w}$$

3.4 高 Q 传递函数的灵敏度

3.4.1 从零极点决定灵敏度

对于具有零极点的 n 阶传递函数

$$H(s) = K \frac{\prod\limits_{i=1}^{m}(s-z_i)}{\prod\limits_{i=1}^{n}(s-p_i)} \tag{3.70}$$

则

$$\frac{\mathrm{d}H(s)}{H(s)} = S_K^{H(s)}\frac{\mathrm{d}K}{K} + \sum_{i=1}^{m}\left(S_{z_i}^{H(s)}\frac{\mathrm{d}z_i}{z_i}\right) + \sum_{i=1}^{n}\left(S_{p_i}^{H(s)}\frac{\mathrm{d}p_i}{p_i}\right) \tag{3.71}$$

零点对 $H(s)$ 的灵敏度为

$$\frac{\mathrm{d}H(s)}{z_i} = -K \frac{\prod\limits_{v=1,v\neq i}^{m}(s-z_v)}{\prod\limits_{i=1}^{n}(s-p_i)} = -\frac{H(s)}{s-z_i} \tag{3.72}$$

因此

$$S_{z_i}^{H(s)} = -\frac{z_i}{s-z_i} \tag{3.73}$$

同理，极点对 $H(s)$ 的灵敏度为

$$\frac{\mathrm{d}H(s)}{p_i} = K \frac{\prod\limits_{i=1}^{m}(s-z_v)}{\prod\limits_{v=1,v\neq i}^{n}(s-p_v)^2} = -\frac{H(s)}{s-p_i} \tag{3.74}$$

因此

$$S_{p_i}^{H(s)} = \frac{p_i}{s-p_i} \tag{3.75}$$

另有

$$S_K^{H(s)} = 1 \tag{3.76}$$

因此式(3.71)化简为

$$\frac{\mathrm{d}H(s)}{H(s)} = 1 \times \frac{\mathrm{d}K}{K} + \sum_{i=1}^{m}\left(-\frac{z_i}{s-z_i} \times \frac{\mathrm{d}z_i}{z_i}\right) + \sum_{i=1}^{n}\left(\frac{p_i}{s-p_i} \times \frac{\mathrm{d}p_i}{p_i}\right)$$

$$= \frac{\mathrm{d}K}{K} - \sum_{i=1}^{m}\left(\frac{\mathrm{d}z_i}{s-z_i}\right) + \sum_{i=1}^{n}\left(\frac{\mathrm{d}p_i}{s-p_i}\right) \tag{3.77}$$

把式(3.77)除以 $\frac{\mathrm{d}x}{x}$ 就可以得到传输灵敏度，这里更关注的是高 Q 极点附近的灵敏度。

3.4.2 高 Q 极点附近的幅度和相位灵敏度

假设某二阶传递函数具有高 Q 特性，其极点为 $p = -\sigma_p \pm j\omega_c$，则

$$d[\ln H(j\omega)] = dg(\omega) \pm jd\varphi(\omega) \approx \frac{dp}{s-p}\Big|_{s \approx j\omega_c} \tag{3.78}$$

其中

$$\begin{cases} dp = d\sigma_p + jd\omega_c \\ \omega_c^2 = \omega_p^2 - \sigma_p^2 \end{cases} \tag{3.79}$$

由式(3.78) 可得

$$\begin{cases} dg(\omega) \approx \dfrac{-\sigma_p d\sigma_p + (\omega - \omega_c)d\omega_c}{\sigma_p^2 + (\omega - \omega_c)^2} \\[4mm] d\varphi(\omega) \approx \dfrac{\sigma_p d\omega_c + (\omega - \omega_c)d\sigma_p}{\sigma_p^2 + (\omega - \omega_c)^2} \end{cases} \tag{3.80}$$

由于

$$\omega_c = \omega_p \sqrt{1 - \left(\frac{1}{4Q}\right)^2} \tag{3.81}$$

其中

$$Q \approx \frac{\omega_c}{2\sigma_p} (\text{高 } Q \text{ 极点}) \tag{3.82}$$

因此

$$\omega_c \Big|_{Q \gg 1} \approx \omega_p \tag{3.83}$$

于是在极点频率 ω_p 处有

$$\begin{cases} dg(\omega) \approx -\dfrac{d\sigma_p}{\sigma_p} = \dfrac{dQ}{Q} - \dfrac{d\omega_p}{\omega_p} \\[4mm] d\varphi(\omega) \approx 2Q\dfrac{d\omega_p}{\omega_p} \end{cases} \tag{3.84}$$

从上式可以看出，$g(\omega)$ 在极点 ω_p 处对频率和 Q 的依赖关系相等，而 $\varphi(\omega)$ 则随着 ω_p 变化而变化，且扩大了 $2Q$ 倍，因此在调准极点 ω_p 时，相位变化比幅度变化大。

例 3.6 一个二阶带通高 Q 节的传递函数为

$$H(s) = K\frac{s}{s^2 + \dfrac{\omega_p}{Q}s + \omega_p}$$

分析在 -3 dB 处的频率、幅度和相位对频率的灵敏度。

由传递函数可知，幅度响应为 -3 dB 点的频率是 $\omega_p \pm \sigma_p$，或用极点 Q 表示为 $\omega_p \pm (1/2Q)$。因此有

$$dg(\omega_p \pm \sigma_p) \approx \frac{-d\sigma_p \pm d\omega_p}{2\sigma_p}$$

$$= \frac{1}{2}\left(\frac{dQ}{Q} - \frac{d\omega_p}{\omega_p}\right) \pm Q\frac{d\omega_p}{\omega_p}$$

$$\approx \frac{1}{2}\frac{\mathrm{d}Q}{Q} \pm Q\frac{\mathrm{d}\omega_\mathrm{p}}{\omega_\mathrm{p}}$$

$$\mathrm{d}\varphi(\omega_\mathrm{p} \pm \sigma_\mathrm{p}) \approx \frac{-\mathrm{d}\sigma_\mathrm{p} \pm \mathrm{d}\omega_\mathrm{p}}{2\sigma_\mathrm{p}}$$

$$= \pm\frac{1}{2}\left(\frac{\mathrm{d}\omega_\mathrm{p}}{\omega_\mathrm{p}} - \frac{\mathrm{d}Q}{Q}\right) \pm Q\frac{\mathrm{d}\omega_\mathrm{p}}{\omega_\mathrm{p}}$$

由上两式可以看出:在 $-3\,\mathrm{dB}$ 处的频率、幅度和相位对频率的灵敏度,都比对 Q 的灵敏度大 $2Q$ 倍。因此,对高 Q 电路,频率的稳定远比 Q 的稳定重要。

带通中心频率很小的偏移,可能造成带宽很大的变化。因为带通 $Q = \frac{\omega_\mathrm{p}}{B_\mathrm{w}}$,假设 $Q = 100$,如果中心频率变化 0.5%,那么带宽变化将达到 50%。

第4章　低通基本滤波器节电路设计

用运算放大器、电阻和电容构成低通滤波器的方法有很多种。本章将讨论几种典型的低通滤波器电路模型，主要有以下几种电路模型：

（1）萨伦－基(Sallen－Key)电路。萨伦－基电路可以看作是压控电压源的低通滤波器，因为它是用一个运算放大器和适当连接的两个电阻构成一个压控电压源，因此也叫压控电压源型低通滤波器电路，这种电路通常用于品质因数小于10的应用。

（2）多路负反馈电路。在该电路模型中，由电阻和电容构成的负反馈通路共计两条，该电路在频率、品质因数对元器件灵敏度方面比压控电压源型滤波器低，因此有比较好的稳定性。这种电路也是常用于品质因数小于10的应用。

（3）双二次型电路。双二次型电路与前面两种电路相比，它需要更多的元器件，但却便于调整并具有很好的稳定性。这种电路常用于品质因数大于10的应用。

4.1　一阶低通滤波器

一阶低通滤波器电路如图4.1所示，这种电路简单，实现容易，它是在反比例运算电路的反馈回路并联一只电容，则传递函数为

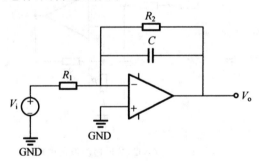

图4.1　一阶低通滤波器

$$H_{LP}(s) = -\frac{R_2}{R_1}\frac{1}{1+R_2Cs} \tag{4.1}$$

将上式变换为频域形式

$$H_{LP}(j\omega) = -\frac{R_2}{R_1}\frac{1}{1+j\omega R_2 C} \tag{4.2}$$

由此可以看出一阶低通滤波器的截止频率为

$$f_c = \frac{1}{2\pi R_2 C} \tag{4.3}$$

增益为

$$H_0 = -\frac{R_2}{R_1} \tag{4.4}$$

不难计算出这种 RC 一阶低通滤波器的带外衰减满足 $-20\ \mathrm{dB/dec}$(每 10 倍频程衰减 20 dB)。

4.2　二阶低通滤波器

4.2.1　压控电压源型低通滤波器

图 4.2 是一种产生正相增益的常用二阶低通滤波器电路。由于运放和它的两个连接电阻 R_3、R_4 形成一个电压控制电压源,所以这个电路称为压控电压源滤波器,简称 VCVS 滤波器,这个滤波器电路是萨伦(Sallen)和凯(Key)根据正反馈网络结构导出的,因此也称 SK 电路模型。

这种滤波器电路的优点是所使用的元件数量少,特性容易调整,输出阻抗低,元件值分布范围小,能够获得较高的增益,但是增益也是有限的,否则会造成滤波器的不稳定性或无法实现。原因主要是该滤波器电路的传递函数分母的一次项系数,在增益过大时会出现负值,造成不稳定,具体看下面推导过程。

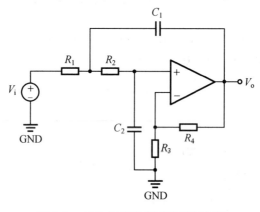

图 4.2　二阶 VCVS 低通滤波器电路

假如运算放大器是理想的,该电路所用的 RC 网络,由方程可得滤波器电路的传递函数为

$$H(s) = \frac{k\,\dfrac{1}{R_1 R_2 C_1 C_2}}{s^2 + \left[\dfrac{1}{R_1 C_1} + \dfrac{1}{R_2 C_1} + \dfrac{1-k}{R_2 C_2}\right]s + \dfrac{1}{R_1 R_2 C_1 C_2}} \tag{4.5}$$

其中

$$k = 1 + \frac{R_4}{R_3} \tag{4.6}$$

从传递函数可以看出,输入信号和输出信号具有相同相位,因此,压控电源电路也称

单端正反馈电路。此外分母中$\dfrac{1}{R_1C_1}+\dfrac{1}{R_2C_1}+\dfrac{1-k}{R_2C_2}$，由于$-k$的存在，会造成该项可能出现负值。

典型低通滤波器传递函数为

$$H_{\mathrm{LP}}(1)=\frac{H_{\mathrm{OLP}}\omega_0^2}{s^2+\dfrac{\omega_0}{Q}s+\omega_0^2} \tag{4.7}$$

对比式(4.5)和式(4.7)，便得电路元件参数与滤波器参数的关系式，即：

中心频率

$$\omega_0=\frac{1}{\sqrt{R_1R_2C_1C_2}} \tag{4.8}$$

品质因数

$$Q=\frac{\dfrac{1}{\sqrt{R_1R_2C_1C_2}}}{\dfrac{1}{R_1C_1}+\dfrac{1}{R_2C_1}+\dfrac{1-k}{R_2C_2}}=\frac{1}{\sqrt{\dfrac{R_2C_2}{R_1C_1}}+\sqrt{\dfrac{R_1C_2}{R_2C_1}}+(1-k)\sqrt{\dfrac{R_1C_1}{R_2C_2}}}=\frac{\omega_0}{B} \tag{4.9}$$

其中，B 表示为

$$B=\frac{1}{\dfrac{1}{R_1C_1}+\dfrac{1}{R_2C_1}+\dfrac{1-k}{R_2C_2}} \tag{4.10}$$

滤波器增益

$$H_{\mathrm{OLP}}=k=1+\frac{R_4}{R_3} \tag{4.11}$$

从滤波器参数可以看出，在调试压控电源低通电路时，调试步骤如下：

(1)调整中心频率。可以利用改变电阻R_1或R_2，也可以利用C_1或C_2进行调整。

(2)调整品质因数。此时应调整与中心频率无关的元件参数，比如k，这样调整品质因数时中心频率不会发生改变。

为了评价该电路的性能，可以计算各滤波器参数的元件灵敏度，利用灵敏度的定义和求法，得

$$S_{R_1,R_2,C_1,C_2}^{\omega_0}=-\frac{1}{2} \tag{4.12}$$

$$S_{R_1}^Q=S_{R_1}^{\omega_0}-S_{R_1}^B=-\frac{1}{2}-\frac{\dfrac{1}{R_1C_1}(-1)}{B}=-\frac{1}{2}+Q\sqrt{\dfrac{R_2C_2}{R_1C_1}} \tag{4.13}$$

同理

$$S_{R_1}^Q=-\frac{1}{2}+Q\left(\sqrt{\dfrac{R_1C_2}{R_2C_1}}+(1-k)\sqrt{\dfrac{R_1C_1}{R_2C_2}}\right) \tag{4.14}$$

$$S_{C_1}^Q=-\frac{1}{2}+Q\left(\sqrt{\dfrac{R_1C_2}{R_2C_1}}+\sqrt{\dfrac{R_2C_2}{R_1C_1}}\right) \tag{4.15}$$

$$S_{C_2}^Q=-\frac{1}{2}+(1-k)Q\left(\sqrt{\dfrac{R_1C_1}{R_2C_1}}+\sqrt{\dfrac{R_2C_2}{R_1C_1}}\right) \tag{4.16}$$

$$S_{R_4}^Q = -S_{R_3}^Q = -(1-k)\sqrt{\frac{R_1 C_2}{R_2 C_2}} \tag{4.17}$$

求这些公式的目的,就是在设计电路时能适当选择元件,使灵敏度达到尽可能的小。

在设计滤波器时,都是先给出传递函数方程,由给定传递方程求出能实现传递方程的电路。例如传递方程为

$$H_{LP}(s) = \frac{M}{s^2 + as + b} \tag{4.18}$$

上式对比式(4.5)可得

$$M = \frac{k}{R_1 R_2 C_1 C_2} = \left(1 + \frac{R_4}{R_3}\right)\frac{1}{R_1 R_2 C_1 C_2} \tag{4.19}$$

$$a = \frac{1}{R_1 C_1} + \frac{1}{R_2 C_1} + \frac{1-k}{R_2 C_2} = \frac{1}{R_1 C_1} + \frac{1}{R_2 C_1} - \frac{\dfrac{R_4}{R_3}}{R_2 C_2} \tag{4.20}$$

$$b = \frac{1}{R_1 R_2 C_1 C_2} \tag{4.21}$$

这里有 3 个方程,待求的未知数 R_1、R_2、C_1、C_2、R_3、R_4 有 6 个,因此必须指定 3 个。例如令 $C_1 = C_2 = 1$ 和 $r_1 = 1$,则可解得

$$\begin{cases} R_4 = \dfrac{M}{b} - 1 \\[2mm] R_1 = \dfrac{1}{R_2 b} \\[2mm] R_2 = \dfrac{2(M/b - 2)}{-a \pm \sqrt{a^2 + 4b(M/b - 2)}} \end{cases} \tag{4.22}$$

由式(4.22)可以看出,如果 a、b 给定了,M 就受一定的限制,因而解(4.22)方程时,电阻会出现负值,因此电路不能实现。在必要时,M 可用其他方法调整。

在给定 Q、ω 时,便可以计算出元件值,如何取值以使这些灵敏度尽可能低,由于满足式(4.8)和(4.9)的元件有 5 个,我们可以指定其中 3 个,可使灵敏度项都低的选择有 3 种,具体如下:

1. 单位增益电阻等值法

$$R_1 = R_2 = R, k = 1 \tag{4.23}$$

则由式(4.8)和(4.9)可解得

$$C_1 = \frac{2Q}{\omega R}$$
$$C_2 = \frac{1}{2Q\omega R} \tag{4.24}$$

2. 等值法

令

$$R_1 = R_2, C_1 = C_2 = C \tag{4.25}$$

则由式(4.8)和(4.9)可解得

$$R_1 = R_2 = \frac{1}{\omega C}, k = 3 - \frac{1}{Q} \tag{4.26}$$

这种设计方法的优点是两个电阻元件和两个电容元件都相等,但它的灵敏度比设计 1 要高,如表 4.2 所示。

注意:工程对于电容的取值通常取

$$C = \frac{10}{f_c} \ \mu F \tag{4.27}$$

式中,f_c 为滤波器截止频率,单位 Hz,后面涉及取电容值时都可按这种方式进行。

3. 萨若格(Saraga) 法

这种取值方法是由萨若格最先提出来的,它使得所有的 Q 灵敏度项比设计 2 的低,取值方法如下:

令

$$C_2 = C, C_1 = \sqrt{3}QC, \frac{R_2}{R_1} = \frac{Q}{\sqrt{3}} \tag{4.28}$$

选定以上元件后,由式(4.8)和(4.9)可解得

$$\begin{cases} R_1 = \dfrac{1}{Q\omega C} \\[2mm] R_2 = \dfrac{1}{\sqrt{3}\,\omega C} \\[2mm] k = \dfrac{4}{3} \end{cases} \tag{4.29}$$

为了进行比较,将 3 种设计方法设计值代入灵敏度表示式,简化成表 4.1。

表 4.1　元件灵敏度统计

灵敏度	设计 1	设计 2	设计 3
$S_{R_1,R_2,C_1,C_2}^{\omega_0}$	-0.5	-0.5	-0.5
$S_k^{\omega_0}$	0	0	0
$S_{R_1}^{Q}$	0	$-0.5+Q$	$-0.5+0.58Q$
$S_{R_2}^{Q}$	0	$0.5-Q$	$0.5-0.58Q$
$S_{C_1}^{Q}$	0.5	$-0.5+2Q$	$0.5+0.58Q$
$S_{C_2}^{Q}$	0.5	$0.5-2Q$	$0.5-0.58Q$
$S_{R_4}^{Q}=-S_{R_3}^{Q}$	0	$2Q-1$	$0.58Q$
S_{R_1,R_2,C_1,C_2}^{G}	-1	-1	-1
$S_{R_4}^{G}=-S_{R_3}^{G}$	0	$1-\dfrac{1}{3-\dfrac{1}{Q}}$	$\dfrac{1}{4}$

当品质因数 $Q=10$ 时,3 种设计方法的灵敏度如表 4.2 所示。

表 4.2 $Q = 10$ 的灵敏度表

灵敏度	设计 1	设计 2	设计 3
$S_{R_1,R_2,C_1,C_2}^{\omega_0}$	-0.5	-0.5	-0.5
$S_k^{\omega_0}$	0	0	0
$S_{R_1}^{Q}$	0	9.5	5.3
$S_{R_2}^{Q}$	0	-9.5	-5.3
$S_{C_1}^{Q}$	0.5	19.5	6.3
$S_{C_2}^{Q}$	-0.5	-19.5	-6.3
$S_{R_4}^{Q} = -S_{R_3}^{Q}$	0	19	5.8
S_{R_1,R_2,C_1,C_2}^{G}	-1	-1	-1
$S_{R_4}^{G} = -S_{R_3}^{G}$	0	0.66	0.25

注:使用该电路模型时,应注意以下几点:

(1)滤波器的品质因数 Q 应小于 10,这样可以使元件分散性减小,同时降低元件灵敏度。

(2)滤波器的增益为有限增益,即增益设计应注意电阻不能出现负值、滤波器品质因数不能为负值,否则电路不能实现。

(3)只能实现全极点型滤波器,对于包含零点的滤波器,如反切比雪夫和椭圆滤波器等不适用。

(4)在实际工程设计中,若滤波器增益设置为 1,则可以将电路进行简化,即将 R_4 短路,R_3 断路,形成压控电压源低通滤波器 Ⅱ 型电路(图 4.3),该电路元件数量减少,调整滤波器参数时不必关心滤波器增益,使得调整变得简单。

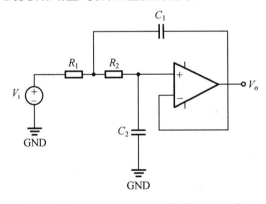

图 4.3 压控电压源低通滤波器 Ⅱ 型电路

传递函数为

$$H(s) = \frac{\dfrac{1}{R_1 R_2 C_1 C_2}}{s^2 + \left[\dfrac{1}{R_1 C_1} + \dfrac{1}{R_2 C_1}\right]s + \dfrac{1}{R_1 R_2 C_1 C_2}}$$

例 4.1   设计一种巴特沃斯低通滤波器,截止频率 10 kHz,在 20 kHz 频率处衰减不小于 -20 dB,滤波器增益为 0 dB,利用压控电压源低通滤波器典型电路实现。

解   巴特沃斯低通滤波器幅频特性具有带外 $-6n$ dB/ 倍频程的衰减特性(n 为滤波器阶数),设计中要求带外衰减 -20 dB,因此当 $n=4$ 时,在 20 kHz 衰减为 -24 dB 可以满足技术指标要求。

滤波器的特性曲线如图 $4.4 \sim 4.7$ 所示。从曲线可以看出,巴特沃斯滤波器的幅频特性在通带内没有起伏,群时延特性曲线在带宽内大约从 42 μs 到 62 μs 起伏。

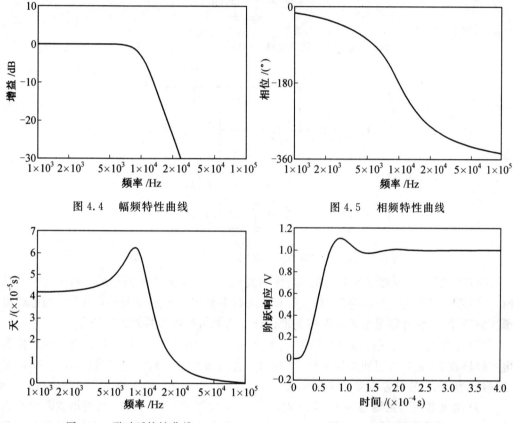

图 4.4   幅频特性曲线   图 4.5   相频特性曲线

图 4.6   群时延特性曲线   图 4.7   阶跃响应曲线

依据单位增益电阻等值法,可以分别解出每个二阶节滤波器电路的元件参数,如图 4.8 和图 4.9 所示。

设计注意事项:

(1) 在多节滤波器($n > 2$)中,每节的参数不必取相同的值。这就是说,每节可以选择不同的元件值,来实现不同滤波器节的滤波器参数。

(2) 为了获得最佳的电路性能,运算放大器的输入电阻至少应是 $R_1 + R_2$ 的 10 倍。对于给定的运算放大器,通过适当选择电容 C 值以得到适宜的电阻值来满足上述条件。

(3) 由于 R_4/R_3 值满足滤波器增益即可,但为了把运算放大器的直流失调减到最小,则 R_3 和 R_4 的阻值应该满足这一要求,即

$$R_1 + R_2 = R_3 \mathbin{/\mkern-5mu/} R_4 \tag{4.30}$$

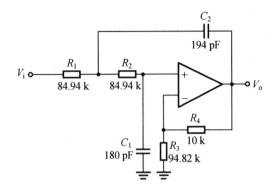

图 4.8　第 1 个二阶节电路图($Q = 0.541, f_p = 10$ kHz)

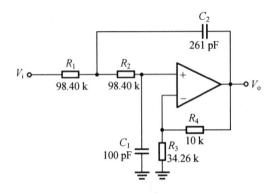

图 4.9　第 2 个二阶节电路图($Q = 1.307, f_p = 10$ kHz)

（4）在低阶时，通常用容差为 5% 的标称值电阻就能得到满意的结果。对于五阶和六阶，大概应用容差为 2% 的电阻，对七阶和八阶则多半应用容差为 1% 的电阻。为了获得最佳的性能，在所有情况下都应选用和理论计算的数值尽可能接近的电阻值。

（5）至于电容，为获得最佳的结果，其容差应和上面给出的电阻容差相当。因为精密电容价格较贵，总是希望使用容差较大的电容，这时通常需要调整。在低阶($n \leqslant 4$) 情况下，容差为 10% 的电容常常就满足要求了。

（6）滤波器每节的增益为 $1 + R_4/R_3$，用一个电位器代替 R_3 和 R_4，可把增益调整到正确的值。为此将电位器中心抽头连接到运算放大器的反相输入端。这些增益的调节在调整滤波器总响应时是非常有用的。

（7）在滤波器的输入端到地必须有一直流通路；在截止频率 f_c 点，运算放大器的开环增益至少应是滤波器的增益的 50 倍；而且在 f_c 处所要求的峰电压值与运算放大器的压摆率 SR 应该满足

$$SR \geqslant 2\pi f_c V_p \tag{4.31}$$

当 f_c 值较高时，可以考虑用外部补偿的运放来满足对压摆率的需求。现在高压摆率的运放类型很多，绝大多数可以满足设计需求。

4.2.2　多路负反馈型低通滤波器

多路负反馈低通滤波器电路又称无限增益多路负反馈滤波器，它比压控电压源型低

通滤波器少用一个电阻,如图 4.10 所示电路,该电路中具有 R_3、C_1 两条反馈路径,而运算放大器又作为无限增益器件来使用,因此称为无限增益多路负反馈电路(MFB)。

这种滤波器的优点是输出阻抗低、元件灵敏度较压控电压源电路低,因此特性更加稳定。

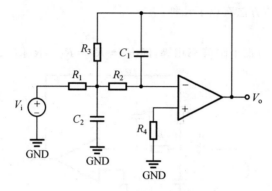

图 4.10   多路负反馈二阶低通滤波器

利用节点电压法,可以求解电路的传递函数为

$$H_{LP}(s) = \cfrac{-\cfrac{1}{R_1 R_2 C_1 C_2}}{s^2 + \left[\cfrac{1}{R_1 C_2} + \cfrac{1}{R_2 C_2} + \cfrac{1}{R_3 C_2}\right]s + \cfrac{1}{R_2 R_3 C_1 C_2}} \tag{4.32}$$

由于传递函数包含负号,因此输出和输入信号的相位相反,也就体现了该电路具有负反馈的特点。

典型低通滤波器传递函数为

$$H_{LP}(s) = \frac{H_{OLP}\omega_0^2}{s^2 + \dfrac{\omega_0}{Q}s + \omega_0^2} \tag{4.33}$$

对比式(4.32)和式(4.33),便得电路元件参数与滤波器参数的关系式,即:

中心频率

$$\omega_0 = \frac{1}{\sqrt{R_2 R_3 C_1 C_2}} \tag{4.34}$$

品质因数

$$Q = \cfrac{\cfrac{1}{\sqrt{R_2 R_3 C_1 C_2}}}{\cfrac{1}{R_1 C_2} + \cfrac{1}{R_2 C_2} + \cfrac{1}{R_3 C_2}} = \sqrt{\frac{C_2}{C_1}} \cdot \frac{R_1 \sqrt{R_2 R_3}}{R_2 R_3 + R_1 R_3 + R_1 R_2} \tag{4.35}$$

滤波器增益

$$H_{OLP} = -\frac{R_3}{R_1} \tag{4.36}$$

调整多路负反馈低通滤波器参数时,应遵循以下步骤:

(1)调整中心频率。可以利用改变电阻 R_2 或 R_3,也可以利用 C_1 或 C_2 进行调整。

(2)调整品质因数。最好利用 R_1 进行调整,这样不会在调整品质因数时改变中心频率。

可以看出,上述3个方程(4.31)～(4.33)共计5个未知数,即使给定了滤波器参数中心频率、品质因数、增益也不能将电阻和电容唯一确定,因此需要补充条件,满足方程具有唯一解。

通常电路元件取值方法有以下几种:

1. 电阻等值法

为了使设计简单,可取电阻值都相等,即 $R_1=R_2=R_3=R$(图 4.11)。

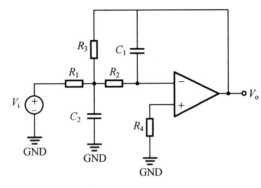

图 4.11   多路负反馈低通电路

则式(4.32)变成

$$H_{\mathrm{LP}}(s)=\frac{-\dfrac{1}{R^2C_1C_2}}{s^2+\dfrac{3}{RC_2}s+\dfrac{1}{R^2C_1C_2}} \tag{4.37}$$

而中心频率

$$\omega_0=\frac{1}{R\sqrt{C_1C_2}} \tag{4.38}$$

品质因数

$$Q=\frac{1}{3}\sqrt{\frac{C_2}{C_1}} \tag{4.39}$$

滤波器增益

$$H_{\mathrm{OLP}}=-1 \tag{4.40}$$

因此给定中心频率和品质因数便可以将电容用这两个参数表示,即

$$\begin{cases} C_1=\dfrac{1}{3RQ\omega_0} \\[2mm] C_2=\dfrac{3Q}{R\omega_0} \end{cases} \tag{4.41}$$

从式(4.40)可以看出电阻等值法求解滤波器参数与元器件参数的关系时,滤波器的增益被限定为1,不能改变,所以在要求滤波器增益不等于1的场合不适用。

对于电阻等值法的多路负反馈低通电路设计,元件参数的灵敏度

$$S_R^{\omega_0} = -\frac{R}{\dfrac{1}{R\sqrt{C_1 C_2}}} \cdot \frac{1}{\sqrt{C_1 C_2}} \cdot \frac{1}{R^2} = -1 \tag{4.42}$$

$$S_{C_1}^{\omega_0} = S_{C_2}^{\omega_0} = -\frac{1}{2} \tag{4.43}$$

$$S_{C_1}^Q = -S_{C_2}^Q = \frac{1}{2} \tag{4.44}$$

电阻等值法求解元器件参数时,由于是在给定电阻值的情况下,再确定所需的电容数值。因为电容的标称系列比电阻系列少,有时从公式计算得的电容数值可能是系列中所没有的。这在装配制作有源滤波器时较困难,电阻值的系列则比较完全,而且电阻体积小,价廉,很容易实现串并联,因此在设计中经常是预先选定电容值,然后再计算所需的电阻值。为此,下面我们再介绍一种更普遍应用的多路负反馈低通滤波器电路的设计方法。

2. 电容等值法

为了解决上述问题,可取电容值都相等,即

$$C_1 = C_2 = C$$

多路反馈低通滤波器如图 4.12 所示。

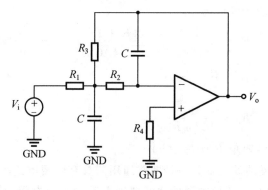

图 4.12　多路反馈低通滤波器

则式(4.32)变成

$$H_{LP}(s) = \frac{-\dfrac{1}{R_1 R_2 C^2}}{s^2 + \dfrac{1}{C}\left[\dfrac{1}{R_1} + \dfrac{1}{R_2} + \dfrac{1}{R_3}\right]s + \dfrac{1}{R_2 R_3 C^2}} \tag{4.45}$$

因此滤波器参数与电阻电容的关系为

$$\begin{cases} \omega_0 = \dfrac{1}{C\sqrt{R_2 R_3}} \\[3mm] Q = \dfrac{R_1 \sqrt{R_2 R_3}}{R_2 R_3 + R_1 R_3 + R_1 R_2} \\[3mm] H_{OLP} = \dfrac{R_3}{R_1} \end{cases} \tag{4.46}$$

对于电容等值法的多路负反馈低通电路设计,元件参数的灵敏度

$$\begin{cases} S_{R_2}^{\omega_0} = S_{R_2}^{\omega_0} = -\dfrac{1}{2} \\ S_C^{\omega_0} = -1 \end{cases} \tag{4.47}$$

为了方便用滤波器参数表示电阻和电容,可将典型低通滤波器传递函数(4.7)做如下变换

$$H_{LP}(s) = \frac{H_{OLP}\omega_0^2}{s^2 + \dfrac{\omega_0}{Q}s + \omega_0^2} = \frac{KA\omega_c^2}{s^2 + B\omega_c s + A\omega_c^2} \tag{4.48}$$

式中,ω_c 是二阶低通滤波器的截止频率;A、B 为系数,这两个系数可以通过低通滤波器的传递函数求解。

对比式(4.45)和(4.48)可以得到下列关系式

$$\begin{cases} A\omega_c^2 = \dfrac{1}{R_2 R_3 C^2} \\ B\omega_c = \dfrac{1}{C}\left[\dfrac{1}{R_1} + \dfrac{1}{R_2} + \dfrac{1}{R_3}\right] \\ K = \dfrac{R_3}{R_1} = H_{OLP} \end{cases} \tag{4.49}$$

满足(4.49)各式的元件值为

$$\begin{cases} R_3 = \dfrac{2(K+1)}{\left[BC + \sqrt{B^2 C^2 - 4AC^2(K+1)}\right]\omega_c} \\ R_1 = \dfrac{R_3}{K} \\ R_2 = \dfrac{1}{AC^2 \omega_c^2 R_3} \end{cases} \tag{4.50}$$

电阻单位为欧姆(Ω),电容单位为法拉(F)。

无限增益多路负反馈滤波器是一种非常通用的具有倒相增益形式的滤波器。它的优点是所用的网络元件少,比压控电源低通滤波器电路少一个电阻,特性稳定,输出阻抗低等。多路负反馈低通滤波器和压控电源低通滤波器一样,通常都是在滤波器品质因数 Q 小于 10 的场合。

在实际工程中,根据设计需求,有时需要品质因数大于 10,此时利用上述两种滤波器电路去实现时,存在元件值分散性大、元件灵敏度升高、滤波器电路不稳定等特点,下一节将介绍一种品质因数可以达到 100 的滤波器电路。

例 4.2 设计一种巴特沃斯低通滤波器,截止频率 10 kHz,在 20 kHz 频率处衰减不小于 -34 dB,滤波器增益为 0 dB,利用多路负反馈的低通滤波器典型电路实现。

解 巴特沃斯低通滤波器幅频特性具有带外 $-6n$ dB/ 倍频程的衰减特性(n 为滤波器阶数),当 $n=5$ 时,在 20 kHz 处带外衰减 -30 dB,不满足技术指标要求,因此需要提高滤波器阶数,即 $n=6$,在 20 kHz 处带外衰减 -36 dB。

滤波器的特性曲线如图 4.13 ~ 4.16 所示。从曲线可以看出,巴特沃斯滤波器的幅频特性在通带内是没有起伏的,群时延特性曲线在带宽内大约从 61 μs 到 102 μs 起伏。

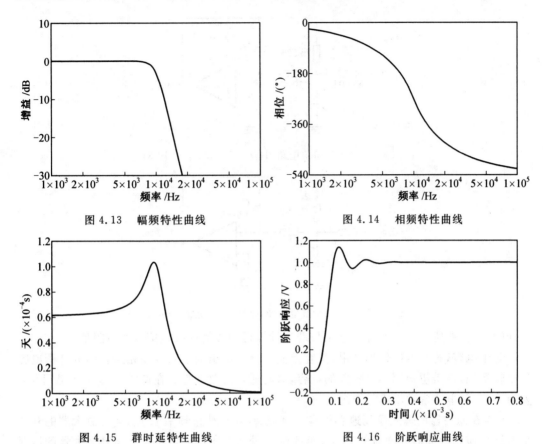

图 4.13　幅频特性曲线　　　　　图 4.14　相频特性曲线

图 4.15　群时延特性曲线　　　　图 4.16　阶跃响应曲线

依据单位增益电阻等值法,可以分别解出每个二阶节滤波器电路的元件参数,如图 4.17 ～ 4.19 所示。

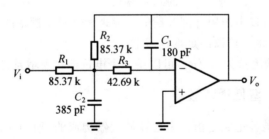

图 4.17　第 1 个二阶节电路图($Q = 0.518, f_p = 10$ kHz)

设计注意事项:

(1) 在多节滤波器($n > 2$)中,每节的参数不必取相同的值。这就是说,每节可以选择不同的元件值来实现不同滤波器节的滤波器参数。

(2) 为了把运算放大器的直流失调减到最小,则 R_4 的阻值应该满足这一要求。即

$$R_1 /\!/ R_3 + R_2 = R_4$$

(3) 在低阶时,通常用容差为 5% 的标称值电阻就能得到满意的结果。对于五阶和六阶,大概应用容差为 2% 的电阻,对七阶和八阶则多半应用容差为 1% 的电阻。为了获得

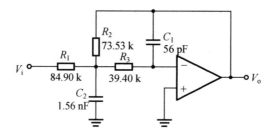

图 4.18　第 2 个二阶节电路图（$Q = 1.932, f_\mathrm{p} = 10 \text{ kHz}$）

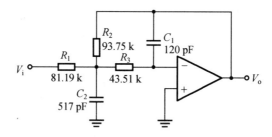

图 4.19　第 3 个二阶节电路图（$Q = 0.707, f_\mathrm{p} = 10 \text{ kHz}$）

最佳的性能，在所有情况下都应选用与理论计算得的数值尽可能接近的电阻值。

至于电容，为获得最佳的结果，其容差应和上面给出的电阻容差相当。因为精密电容价格较贵，总是希望使用容差较大的电容，这时通常需要调整。在低阶（$n \leqslant 4$）情况下，容差为 10% 的电容常常就满足要求了。

（4）在滤波器的输入端到地必须有一直流通路；在截止频率 f_c 点，运算放大器的开环增益至少应是滤波器的增益的 50 倍；而且在 f_c 处所要求的峰电压值与运算放大器的压摆率 SR 应该满足

$$SR \geqslant 2\pi f_\mathrm{c} V_\mathrm{p}$$

当 f_c 值较高时，可以考虑用外部补偿的运放来满足对压摆率的需求。现在高压摆率的运放类型很多，绝大多数可以满足设计需求。

（5）每节滤波器的增益为 R_3 / R_1，可以用一个电位器实现增益可调。

4.2.3　双二次型低通滤波器

双二次型低通滤波器电路是由 3 个运算放大器构成的，辅助元件较多。它由阻尼积分器、积分器、反相器组成，如图 4.20 所示，这是一种高级电路，性能十分稳定，调整方便，品质因数可以达到 100，特别适合于多个二阶节级联来实现高质量的高阶滤波器。

这种滤波器电路突出的优点就是从制作方面来看，这种电路可以很容易调整到与标称要求相符合。除此之外，这种电路的灵敏度相当低。容易调整及很低的灵敏度这两点，使得双二次型电路可以在指标苛刻的情况下，实现高 Q 电路。它的另一个显著特点是只需要附加最少数量的元件就能同时实现各种滤波器函数。这个特点对某些应用来说是有用的。在这种所谓多用途滤波器的应用中，三运放的双二次型滤波器电路则是无与伦比的。

该电路的传递函数为

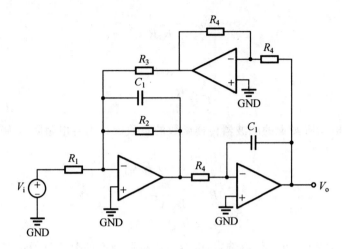

图 4.20　二阶双二次型低通滤波器电路

$$H_{LP}(s) = \frac{\dfrac{1}{R_1 R_4 C_1^2}}{s^2 + \dfrac{1}{R_2 C_1}s + \dfrac{1}{R_3 R_4 C_1^2}} \qquad (4.51)$$

从这个传递函数可以看出，整个电路具有同相增益。

因此，滤波器中心频率、品质因数、滤波器增益与电阻电容的关系为

$$\begin{cases} \omega_0 = \dfrac{1}{C_1 \sqrt{R_3 R_4}} \\[2mm] Q = \dfrac{R_2}{\sqrt{R_3 R_4}} \\[2mm] H_{OLP} = \dfrac{R_3}{R_1} \end{cases} \qquad (4.52)$$

元件灵敏度为

$$\begin{cases} S_{C_1}^{\omega_0} = -1, S_{R_3}^{\omega_0} = S_{R_3}^{\omega_0} = -\dfrac{1}{2} \\[2mm] S_{R_2}^{Q} = 1, S_{R_3}^{Q} = S_{R_4}^{Q} = -\dfrac{1}{2} \\[2mm] S_{R_3}^{H_{OLP}} = -S_{R_1}^{H_{OLP}} = 1 \end{cases} \qquad (4.53)$$

可以看出双二次型低通滤波器的电路元件灵敏度都很低，因此电路具有极好的稳定性。

同样为了计算方便，利用典型二阶低通滤波器传递函数标准形式

$$H_{LP}(1) = \frac{H_{OLP}\omega_0^2}{s^2 + \dfrac{\omega_0}{Q}s + \omega_0^2} = \frac{KA\omega_c^2}{s^2 + B\omega_c s + A\omega_c^2} \qquad (4.54)$$

对比式(4.7)和(4.54)可得

$$\begin{cases} A\omega_c^2 = \dfrac{1}{R_3 R_4 C_1^2} \\[3mm] B\omega_c = \dfrac{1}{R_2 C_1} \\[3mm] K = \dfrac{R_3}{R_1} \end{cases} \tag{4.55}$$

因此,可以根据所实现的滤波器传递函数的系数计算出各电阻阻值为

$$\begin{cases} R_1 = \dfrac{1}{KA\omega_c^2 R_4 C_1^2} \\[3mm] R_2 = \dfrac{1}{B\omega_c C_1} \\[3mm] R_3 = KR_1 \end{cases} \tag{4.56}$$

电阻 R_4 和电容 C_1 可以任意选定,电容可以按照前面的公式近似选取,即

$$C_1 = \frac{10}{f_c}\ \mu F$$

式中,f_c 单位为 Hz。

为了电阻计算方便,可以将电阻 R_4 近似取值为

$$R_4 = \frac{1}{\omega_c C_1} \tag{4.57}$$

这样可以得到

$$\begin{cases} R_1 = \dfrac{R_4}{KA} \\[3mm] R_2 = \dfrac{R_4}{B} \\[3mm] R_3 = KR_1 \end{cases} \tag{4.58}$$

通过 R_4 的取值方式,使得双二次型电路的调整变得更加方便。

例 4.3 设计一种巴特沃斯低通滤波器,截止频率 10 kHz,在 20 kHz 频率处衰减不小于 -34 dB,滤波器增益为 0 dB,利用多路负反馈的低通滤波器典型电路实现。

解 例 4.3 与例 4.2 要求相同,因此传递函数、幅频特性、相频特性、群时延、阶跃响应都相同。

依据单位增益电阻等值法,可以分别解出每个二阶节滤波器电路的元件参数,如图 4.21 ~ 4.23 所示,从图上可以看出电路复杂度增加,运放数量增加,成本增加,但换来更低的元件灵敏度,也就是电路更加稳定。

设计注意事项:

(1)在多节滤波器($n > 2$)中,每节的参数不必取相同的值。这就是说,每节可以选择不同的元件值,来实现不同滤波器节的滤波器参数。

(2)单节的增益为 R_3/R_1。

(3)滤波器的响应可以通过调整 R_1、R_2、R_3 的阻值进行调整。调整 R_1 改变增益,调整 R_2 改变通带响应,调整 R_3 改变 f_c。

(4)在低阶时,通常用容差为 5% 的标称值电阻就能得到满意的结果。对于五阶和六

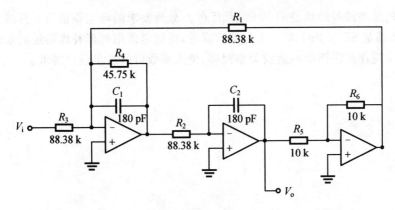

图 4.21　第 1 个二阶节电路图($Q = 0.518, f_p = 10\ \text{kHz}$)

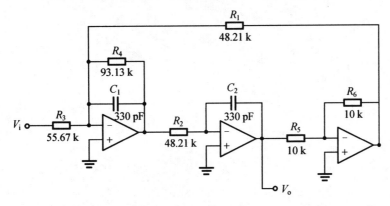

图 4.22　第 2 个二阶节电路图($Q = 1.932, f_p = 10\ \text{kHz}$)

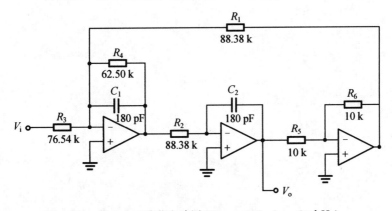

图 4.23　第 3 个二阶节电路图($Q = 0.707, f_p = 10\ \text{kHz}$)

阶,大概应用容差为 2% 的电阻,对七阶和八阶则多半应用容差为 1% 的电阻。为了获得最佳的性能,在所有情况下都应选用和理论计算得的数值尽可能接近的电阻值。

(5) 至于电容,为获得最佳的结果,其容差应和上面给出的电阻容差相当。因为精密电容价格较贵,总是希望使用容差较大的电容,这时通常需要进行调整。在低阶($n \leqslant 4$)情况下,容差为 10% 的电容常常就满足要求了。

(6) 在滤波器的输入端到地必须有一直流通路;在截止频率 f_c 点,运算放大器的开环增益至少应是滤波器的增益的50倍；而且在 f_c 处所要求的峰电压值与运算放大器的压摆率 SR 应该满足 $SR \geqslant 2\pi f_c V_p$，当 f_c 值较高时，可以考虑用外部补偿的运放来满足对压摆率的需求。现在高压摆率的运放类型很多，绝大多数可以满足设计需求。

第 5 章　　高通滤波器

本章将重点讨论萨伦－基(Sallen－Key)电路、多路负反馈电路、双二次型电路三种典型高通滤波器电路模型,这些电路的特点同低通滤波器电路。

5.1　一阶高通滤波器

一阶高通滤波器电路如图 5.1 所示,则传递函数为

$$H_{\text{LP}}(s) = -\frac{R_2}{R_1} \frac{1}{1 + \dfrac{1}{R_1 C s}} \tag{5.1}$$

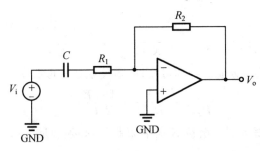

图 5.1　一阶高通滤波器电路

将上式变换为频域形式

$$H_{\text{LP}}(j\omega) = -\frac{R_2}{R_1} \frac{1}{1 + \dfrac{1}{j\omega R_1 C}} \tag{5.2}$$

由此可以看出一阶低通滤波器的截止频率为

$$f_c = \frac{1}{2\pi R_1 C} \tag{5.3}$$

增益为

$$H_0 = -\frac{R_2}{R_1} \tag{5.4}$$

同样,可以推出这种 RC 一阶高通滤波器的带外衰减满足 -20 dB/dec。

5.2　二阶高通滤波器

5.2.1　压控电压源型(VCVS)高通滤波器

VCVS 型高通滤波器与 VCV 型低通滤波器具有对偶关系,即将除反馈电阻 R_3、R_4

外,将低通电路中的电阻换成电容,电容位置换成电阻,于是就可以得到 VCVS 高通滤波器,如图 5.2 所示。

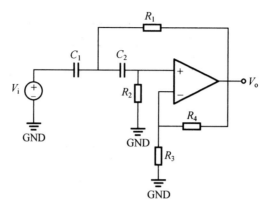

图 5.2　VCVS 高通滤波器电路

$$H_{HP}(s) = \frac{Ks^2}{s^2 + \left[\dfrac{1}{R_2 C_1} + \dfrac{1}{R_2 C_2} + \dfrac{1-K}{R_1 C_1}\right]s + \dfrac{1}{R_1 R_2 C_1 C_2}} \quad (\text{其中 } K = 1 + \frac{R_4}{R_3}) \ (5.5)$$

为了保证这个传递函数能够物理可实现,需使函数分母一次项系数大于零,即

$$\frac{1}{R_2 C_1} + \frac{1}{R_2 C_2} + \frac{1-K}{R_1 C_1} > 0 \tag{5.6}$$

于是 VCVS 高通滤波器的增益 K 是有限制的,必须满足

$$K < \frac{R_1}{R_2\left(1 + \dfrac{C_1}{C_2}\right) + 1}$$

将式(5.5)与下式对比

$$H_{HP}(s) = \frac{H_{OHP}s^2}{s^2 + \dfrac{\omega_0}{Q}s + \omega_0^2} \tag{5.7}$$

可得

$$\omega_0 = \frac{1}{\sqrt{R_1 R_2 C_1 C_2}} \tag{5.8}$$

$$Q = \frac{1}{\sqrt{\dfrac{R_2 C_1}{R_1 C_2}} + \sqrt{\dfrac{R_2 C_2}{R_1 C_1}} + \sqrt{\dfrac{R_1 C_1}{R_2 C_2}}\,(1-K)} (\text{其中 } H_{OHP} = K) \tag{5.9}$$

各参数的元件灵敏度为

$$S_{R_2}^{\omega_0} = S_{R_2}^{\omega_0} = S_{C_1}^{\omega_0} = S_{C_2}^{\omega_0} = -\frac{1}{2} \tag{5.10}$$

(1)若设计中取 $C_1 = C_2 = C$,电容 C 的近似取值与前面讲述相同,则

$$\omega_0 = \frac{1}{C\sqrt{R_1 R_2}} \tag{5.11}$$

$$Q = \frac{1}{2\sqrt{\dfrac{R_2}{R_1}} + \sqrt{\dfrac{R_1}{R_2}}\,(1-K)} \tag{5.12}$$

同时有

$$K = 1 + \frac{R_4}{R_3} \tag{5.13}$$

$$R_2 = R_3 \ /\!/ \ R_4 \tag{5.14}$$

则电阻值为

$$R_1 = \frac{1}{4\omega_0 C}\left(\frac{1}{Q} + \sqrt{\left(\frac{1}{Q}\right)^2 + 8(K-1)}\,\right) \tag{5.15}$$

$$R_2 = \frac{1}{(\omega_0 C)^2 R_1} \tag{5.16}$$

$$R_3 = \frac{K}{(K-1)R_2} \tag{5.17}$$

$$R_4 = (K-1)R_2 \tag{5.18}$$

若 $K=1$，则

$$R_1 = \frac{1}{2Q\omega_0 C} \tag{5.19}$$

$$R_2 = \frac{2Q}{\omega_0 C} \tag{5.20}$$

$$R_3 = \infty, \quad R_4 = 0 \tag{5.21}$$

因此，R_3 为断路，R_4 为短路。

若取 $R_1 = R_2, C_1 = C_2 = C$ 时，则

$$\begin{cases} K = 3 - \dfrac{1}{Q} \\[2mm] R_1 = R_2 = R = \dfrac{1}{\omega_0 C} \end{cases} \tag{5.22}$$

上面电阻值是利用中心频率和品质因数进行求解，若通过技术指标计算出传递函数，则可以根据传递函数的系数求解电阻值。

例 5.1　设计一种巴特沃斯高通滤波器，截止频率 20 kHz，在 10 kHz 频率处衰减不小于 -24 dB，滤波器增益为 0 dB，利用压控电压源高通滤波器典型电路实现。

解　巴特沃斯高通滤波器幅频特性具有带外 $-6n$ dB/ 倍频程的衰减特性（n 为滤波器阶数），当 $n=4$ 时，在 20 kHz 衰减为 -24 dB 可以满足技术指标要求。

滤波器的特性曲线如图 5.3 ～ 5.6 所示。从曲线可以看出，巴特沃斯滤波器的幅频特性在通带内没有起伏，群时延特性曲线在带宽内大约从 0.2 μs 到 0.3 μs 起伏。

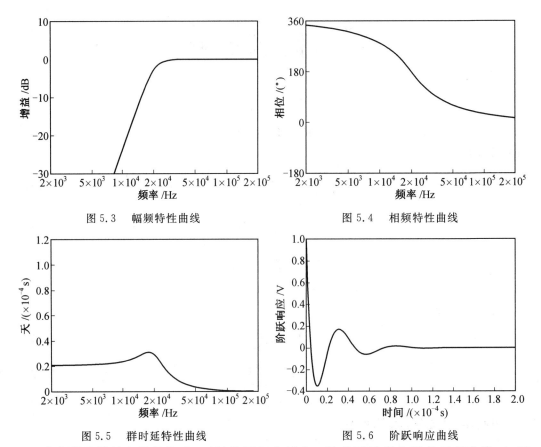

图 5.3　幅频特性曲线　　　　　　图 5.4　相频特性曲线

图 5.5　群时延特性曲线　　　　　　图 5.6　阶跃响应曲线

依据单位增益电阻等值法,可以分别解出每个二阶节滤波器电路的元件参数,如图 5.7 和图 5.8 所示。

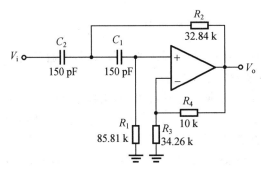

图 5.7　第 1 个二阶节电路图($Q = 1.307, f_p = 20\ \text{kHz}$)

设计注意事项:

(1)在多节滤波器($n > 2$)中,每节的参数不必取相同的值。这就是说,每节可以选择不同的元件值来实现不同滤波器节的滤波器参数。

(2)为了获得最佳的电路性能,运算放大器的输入电阻至少应是 R_2 的 10 倍。对于给定的运算放大器,通过适当选择电容 C 值以得到适宜的电阻值来满足上述条件。

(3)由于 R_4 和 R_3 值满足滤波器增益即可,但为了把运算放大器的直流失调减到最

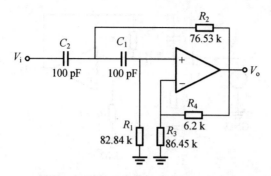

图 5.8 　 第 2 个二阶节电路图($Q = 0.541$, $f_p = 20\ \text{kHz}$)

小,则 R_3 和 R_4 的阻值应该满足这一要求。即

$$R_2 = R_3 \mathbin{/\mkern-5mu/} R_4 \tag{5.23}$$

(4)在低阶时,通常用容差为 5% 的标称值电阻就能得到满意的结果。对于五阶和六阶,应用容差为 2% 的电阻,对七阶和八阶则多半应用容差为 1% 的电阻。为了获得最佳的性能,在所有情况下都应选用与理论计算得的数值尽可能接近的电阻值。

至于电容,为获得最佳的结果,其容差应和上面给出的电阻容差相当。因为精密电容价格较贵,总是希望使用容差较大的电容,这时通常需要调整。在低阶($n \leqslant 4$)情况下,容差为 10% 的电容常常就满足要求了。

(5)滤波器每节的增益为 $1 + R_4/R_3$,用一个电位器代替 R_3 和 R_4,可把增益调整到正确的值。为此将电位器中心抽头连接到运算放大器的反相输入端。这些增益的调节在调整滤波器总响应时是非常有用的。

(6)在滤波器的输入端到地必须有一直流通路;在截止频率 f_c 点,运算放大器的开环增益至少应是滤波器的增益的 50 倍;而且在 f_c 处所要求的峰电压值与运算放大器的压摆率 SR 应该满足

$$SR \geqslant 2\pi f_c V_p \tag{5.24}$$

当 f_c 值较高时,可以考虑用外部补偿的运放来满足对压摆率的需求。现在高压摆率的运放类型很多,绝大多数可以满足设计需求。

5.2.2 　 多路负反馈型高通滤波器

将多路负反馈低通滤波器电路中的电阻位置换成电容,电容换成电阻,就变成对应的多路负反馈高通滤波器电路,如图 5.9 所示。

多路负反馈高通滤波器电路对应的传递函数为

$$H_{\text{HP}}(s) = \cfrac{-\dfrac{C_1}{C_3} \cdot s^2}{s^2 + \left(\dfrac{C_1}{C_2 C_3} + \dfrac{1}{C_2} + \dfrac{1}{C_3}\right) \dfrac{1}{R_1} s + \dfrac{1}{R_1 R_2 C_2 C_3}} \tag{5.25}$$

对应二阶高通传递函数的典型式

$$H_{\text{HP}}(s) = \cfrac{H_{\text{OHP}} s^2}{s^2 + \dfrac{\omega_0}{Q} s + \omega_0^2} \tag{5.26}$$

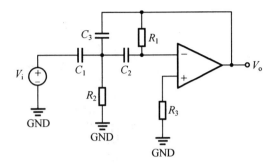

图 5.9 多路负反馈高通滤波器(MFB)

可知

$$H_{\text{OHP}} = \frac{C_1}{C_3} \tag{5.27}$$

$$\omega_0 = \frac{1}{\sqrt{R_1 R_2 C_2 C_3}} \tag{5.28}$$

$$Q = \frac{\sqrt{\dfrac{R_1}{R_2}}}{\dfrac{C_1}{\sqrt{C_2 C_3}} + \sqrt{\dfrac{C_2}{C_3}} + \sqrt{\dfrac{C_3}{C_2}}} \tag{5.29}$$

若选择 $C_1 = C_2 = \dfrac{10}{f_c}\ \mu\text{F}$,取相近的常用标称值,规定常量 $b = \omega_0 C_1$,当给出滤波器参数时,则元件设计公式为

$$\begin{cases} C_1 = C_2 = C \\[2mm] R_1 = \dfrac{H_{\text{OHP}}}{bQ(1 + 2H_{\text{OHP}})} \\[2mm] R_2 = \dfrac{(1 + 2H_{\text{OHP}})Q}{b} \\[2mm] C_3 = \dfrac{C_1}{H_{\text{OHP}}} \end{cases} \tag{5.30}$$

例 5.2 设计一种巴特沃斯高通滤波器,截止频率 20 kHz,在 10 kHz 频率处衰减不小于 -30 dB,滤波器增益为 0 dB,利用多路负反馈高通滤波器典型电路实现。

解 巴特沃斯高通滤波器幅频特性具有带外 $-6n$ dB/ 倍频程的衰减特性(n 为滤波器阶数),当 $n = 5$ 时,在 20 kHz 衰减为 -30 dB 可以满足技术指标要求。

滤波器的特性曲线如图 5.10 ~ 图 5.13 所示。从曲线可以看出,巴特沃斯滤波器的幅频特性在通带内没有起伏,群时延特性曲线在带宽内大约从 0.25 μs 到 0.4 μs 起伏。

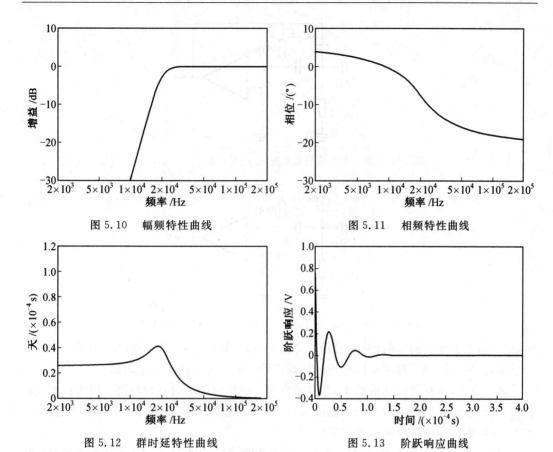

图 5.10　幅频特性曲线　　　　　　图 5.11　相频特性曲线

图 5.12　群时延特性曲线　　　　　图 5.13　阶跃响应曲线

根据技术要求可以计算出各阶滤波器参数,从而可以分别解出每个二阶节滤波器电路的元件参数,如图 5.14 ~ 5.16 所示。

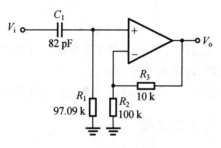

图 5.14　一阶节电路图($f_c = 20$ kHz)

设计注意事项:

(1)在多节滤波器($n > 2$)中,每节的参数不必取相同的值。这就是说,每节可以选择不同的元件值来实现不同滤波器节的滤波器参数。

(2)为了把运算放大器的直流失调减到最小,则 R_3 和 R_4 的阻值应该满足这一要求。即

$$R_1 = R_3 \tag{5.31}$$

(3)在低阶时,通常用容差为 5% 的标称值电阻就能得到满意的结果。对于五阶和六

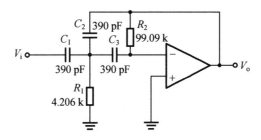

图 5.15　第 1 个二阶节电路图($Q = 1.618, f_\mathrm{p} = 20\ \mathrm{kHz}$)

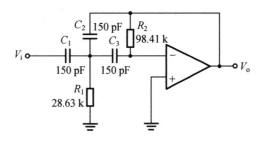

图 5.16　第 2 个二阶节电路图($Q = 0.618, f_\mathrm{p} = 20\ \mathrm{kHz}$)

阶,应用容差为 2% 的电阻,对七阶和八阶则多半应用容差为 1% 的电阻。为了获得最佳的性能,在所有情况下都应选用与理论计算得的数值尽可能接近的电阻值。

至于电容,为获得最佳的结果,其容差应和上面给出的电阻容差相当。因为精密电容价格较贵,总是希望使用容差较大的电容,这时通常需要调整。在低阶($n \leqslant 4$)情况下,容差为 10% 的电容常常就满足要求了。

(4) 在滤波器的输入端到地必须有一直流通路;在截止频率 f_c 点,运算放大器的开环增益至少应是滤波器的增益的 50 倍;而且在 f_c 处所要求的峰电压值与运算放大器的压摆率 SR 应该满足

$$SR \geqslant 2\pi f_\mathrm{c} V_\mathrm{p} \tag{5.32}$$

当 f_c 值较高时,可以考虑用外部补偿的运放来满足对压摆率的需求。现在高压摆率的运放类型很多,绝大多数可以满足设计需求。

(5) 每节滤波器的增益为 C_1/C_3,可以用一个电位器实现增益可调。

5.2.3　双二次型高通滤波器

实现巴特沃斯或切比雪夫等全极点型高通滤波器的二阶双二次型电路如图 5.17 所示。这种电路具有反相增益。

分析电路得出传递函数为

$$H_\mathrm{LP}(s) = \frac{V_2(s)}{V_1(s)} = \frac{-\dfrac{R_5}{R_4}s^2}{s^2 + \dfrac{1}{R_2 C_1}s + \dfrac{1}{R_3 R_5 C_1^2}} \tag{5.33}$$

其中要求

$$R_1 R_5 = R_2 R_4 \tag{5.34}$$

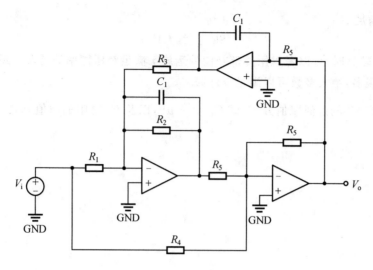

图 5.17　双二次型高通滤波器电路

将式(5.33)与典型高通滤波器传递函数对比

$$H_{HP}(s) = \frac{H_{OHP}s^2}{s^2 + \dfrac{\omega_0}{Q}s + \omega_0^2} \tag{5.35}$$

得到滤波器中心频率、品质因数、滤波器增益与电阻电容的关系为

$$\begin{cases} \omega_0 = \dfrac{1}{C_1 \sqrt{R_3 R_5}} \\[3mm] Q = \dfrac{R_2}{\sqrt{R_3 R_5}} \\[3mm] H_{OLP} = \dfrac{R_5}{R_4} \end{cases} \tag{5.36}$$

设计注意事项:

(1) 在多节滤波器($n > 2$)中,每节的参数不必取相同的值。这就是说,每节可以选择不同的元件值,来实现不同滤波器节的滤波器参数。

(2) 为了获得最佳的电路性能,运算放大器的输入电阻至少应是连接到反相端电阻的 10 倍。

(3) 滤波器增益与 $1/R_4$ 成正比。

(4) 在低阶时,通常用容差为 5% 的标称值电阻就能得到满意的结果。对于五阶和六阶,应用容差为 2% 的电阻,对七阶和八阶则多半应用容差为 1% 的电阻。为了获得最佳的性能,在所有情况下都应选用与理论计算得的数值尽可能接近的电阻值。

至于电容,为获得最佳的结果,其容差应和上面给出的电阻容差相当。因为精密电容价格较贵,总是希望使用容差较大的电容,这时通常需要调整。在低阶($n \leqslant 4$)情况下,容差为 10% 的电容常常就满足要求了。

(5) 在滤波器的输入端到地必须有一直流通路;在截止频率 f_c 点,运算放大器的开环增益至少应是滤波器的增益的 50 倍;而且在 f_c 处所要求的峰电压值与运算放大器的压摆

率 SR 应该满足

$$SR \geqslant 2\pi f_c V_p$$

当 f_c 值较高时,可以考虑用外部补偿的运放来满足对压摆率的需求。现在高压摆率的运放类型很多,绝大多数可以满足设计需求。

按照电容 C_1 的近似取值方式,即 $C_1 = \dfrac{10}{f_c} \ \mu F$,以及 R_4 电阻的取值方式。

第6章 带通滤波器设计

6.1 带通基本滤波器节电路设计

6.1.1 一阶带通滤波器

一阶带通滤波器电路如图 6.1 所示,该电路相当于低通滤波器和高通滤波器组合,传递函数为

$$H_{BP}(s) = -\frac{R_2}{R_1} \frac{1}{1 + \frac{1}{R_1 Cs}} \frac{1}{1 + R_2 Cs} \tag{6.1}$$

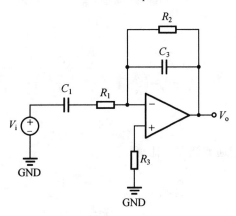

图 6.1 一阶带通滤波器

将上式变换为频域形式

$$H_{BP}(j\omega) = -\frac{R_2}{R_1} \frac{1}{1 + \frac{1}{j\omega R_1 C}} \frac{1}{1 + j\omega R_2 C} \tag{6.2}$$

由此可以看出一阶低通滤波器的截止频率为

$$f_L = \frac{1}{2\pi R_1 C} \tag{6.3}$$

$$f_H = \frac{1}{2\pi R_2 C} \tag{6.4}$$

增益为

$$H_0 = -\frac{R_2}{R_1} \tag{6.5}$$

同样,可以推出带通滤波器的带外衰减也满足 -20 dB/dec。

6.1.2 二阶带通滤波器

1. 压控电压源型带通滤波器

压控电压源型带通滤波器电路如图 6.2 所示。

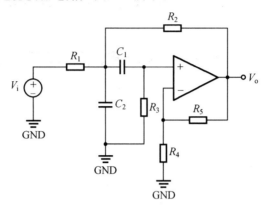

图 6.2 压控电压源型带通滤波器电路

电路的传递函数为

$$H_{HP}(s) = \frac{V_o}{V_i} = \frac{K \dfrac{1}{R_1 C_1} s}{s^2 + \dfrac{1}{C_1}\left(\dfrac{1}{R_1} + \dfrac{2}{R_3} + \dfrac{1-K}{R_2}\right)s + \dfrac{R_1 + R_2}{R_1 R_2 R_3 C_1^2}} \tag{6.6}$$

式中，$K = 1 + \dfrac{R_5}{R_4}$。

将式(6.6)与典型带通滤波器对比

$$H_{BP}(1) = \frac{H_{OBP} \dfrac{\omega_0}{Q} s}{s^2 + \dfrac{\omega_0}{Q} s + \omega_0^2} \tag{6.7}$$

可得到滤波器参数与品质因数的关系为

$$H_{OBP} = \frac{K}{1 + \dfrac{2R_1}{R_3} + \dfrac{R_1}{R_2}(1-K)} \tag{6.8}$$

$$\omega_0 = \frac{1}{C_1}\sqrt{\frac{1}{R_3}\left(\frac{1}{R_1} + \frac{1}{R_2}\right)} \tag{6.9}$$

$$Q = \frac{\sqrt{R_1 + R_2}}{\dfrac{1}{\sqrt{C_1}}\left[\left(\dfrac{\sqrt{R_2 R_3}}{R_1} + \dfrac{\sqrt{R_1 R_2}}{R_3} + \dfrac{\sqrt{R_1 R_3}}{R_2}(1-K)\right) + \dfrac{\sqrt{R_1 R_2}}{R_3}\right]} \tag{6.10}$$

从滤波器参数可以看出，在调试压控电源带通电路时，调试步骤如下：

(1) 调整中心频率。可以利用改变电阻 R_3 进行调整。

(2) 调整品质因数。此时应调整与中心频率无关的元件参数，通常调整 R_4，这样调整品质因数时中心频率不会发生改变。

若选择 $C_1 = C = \dfrac{10}{f_c}\,\mu\text{F}$,取相近的常用标称值。若取 $K=1$,但从上面三式中导出电阻值还是比较复杂,可以直接从传递函数中的系数求解

$$H_{\text{HP}}(s) = \frac{V_o}{V_i} = \frac{\dfrac{1}{R_1 C}s}{s^2 + \dfrac{1}{C}\left(\dfrac{1}{R_1} + \dfrac{2}{R_3}\right)s + \dfrac{R_1 + R_2}{R_1 R_2 R_3 C^2}} \tag{6.11}$$

式(6.11)中的分母一次项系数整理可得

$$\frac{\omega_0}{Q} = \frac{\omega_0}{\dfrac{\omega_0}{B}} = B \tag{6.12}$$

式中,B 是带通滤波器的带宽。

可见式(6.11)的分母一次项系数等于滤波器的带宽,因此有

$$\begin{cases} \dfrac{1}{R_1 C} = H_{\text{OBP}} B \\[2mm] \dfrac{1}{C}\left(\dfrac{1}{R_1} + \dfrac{2}{R_3}\right) = B \\[2mm] \dfrac{R_1 + R_2}{R_1 R_2 R_3 C^2} = \omega_0^2 \end{cases} \tag{6.13}$$

解得

$$\begin{cases} R_1 = \dfrac{1}{H_{\text{OBP}} BC} \\[3mm] R_2 = \dfrac{(H_{\text{OBP}} - 1)B}{\left[\omega_0^2 - H_{\text{OBP}}(1 - H_{\text{OBP}})B^2\right]C} \\[3mm] R_3 = \dfrac{1}{(1 - H_{\text{OBP}})BC} \end{cases} \tag{6.14}$$

若取 $C_1 = C = \dfrac{10}{f_c}\,\mu\text{F}$,$R_1 = R_2 = R_3$,则区域元件可解得

$$\begin{cases} R_1 = R_2 = R_3 = R = \dfrac{\sqrt{2}}{\omega_0 C} \\[3mm] K = 4 - \dfrac{\sqrt{2}}{Q} \end{cases} \tag{6.15}$$

例 6.1　设计一种巴特沃斯带通滤波器,中心频率 100 kHz,带宽 20 kHz,在 150 kHz 和 50 kHz 频率处衰减不小于 -35 dB,滤波器增益为 0 dB,利用压控电压源带通滤波器典型电路实现。

解　为了设计带通滤波器,需要将带通滤波器的技术指标通过频率变换公式转化为低通滤波器的归一化技术指标,再通过该技术指标得到低通滤波器传递函数,最后通过频率变换公式得到带通滤波器传递函数,这样就可以知道每一个二阶带通滤波器的中心频率、品质因数等参数,由这些参数就可以得到滤波器电路中的元器件值,这里就不再详细讨论了,这里仅给出电路图。

滤波器的特性曲线如图 6.3 ～ 6.6 所示。为了满足带外衰减要求,带通滤波器阶数

需要六阶。每个二阶节滤波器电路的元件参数如图 6.7 ～ 6.9 所示。

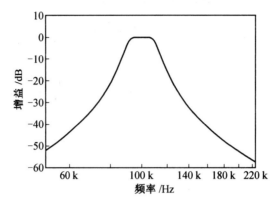

图 6.3　幅频特性曲线

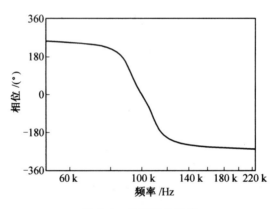

图 6.4　相频特性曲线

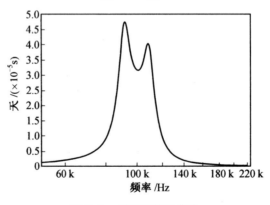

图 6.5　群时延特性曲线

设计注意事项：

（1）R_4 和 R_5 值的选定,是为了把运算放大器的直流失调减到最小。只要保持比值 R_5/R_4 不变即可,也可以选用其他的阻值。

（2）通常使用容差为 5% 的标称值电阻就可以获得满意结果。在所有情况下,为获得最佳的性能,都应选用与计算所得的数值尽可能接近的电阻。

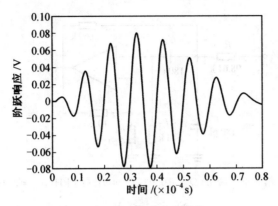

图 6.6　阶跃响应曲线

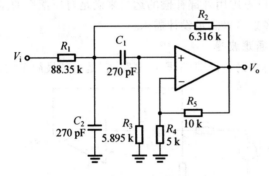

图 6.7　第 1 个二阶节($Q = 4.996, f_o = 100 \text{ kHz}, G = 1.004$)

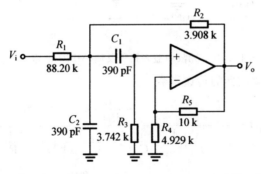

图 6.8　第 2 个二阶节($Q = 10.03, f_o = 109.054 \text{ kHz}, G = 1.294$)

　　就电容而言,为得到最佳的结果,应当用容差为 5% 的电容。因为精密电容价格较贵,总是希望使用容差较大的电容,这时通常需要调整。在大多数情况下,用容差为 10% 的电容。

　　(3)用一个电位器代替电阻 R_4 和 R_5 可将滤波器的增益调整到正确的值。为此将电位器中心抽头接到运算放大器反相输入端。用这种调节方法可以使中心频率 f_o 固定不变而改变带(或 Q)。

　　(4)在滤波器的输入端到地必须有一直流通路;在截止频率 f_c 点,运算放大器的开环增益至少应是滤波器的增益的 50 倍;而且在 f_c 处所要求的峰电压值与运算放大器的压摆率 SR 应该满足

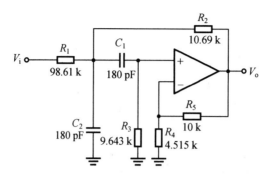

图 6.9　第 3 个二阶节（$Q = 10.03, f_o = 91.698\ \text{kHz}, G = 3.165\ 8$）

$$SR \geqslant 2\pi f_c V_p \tag{6.16}$$

当 f_c 值较高时，可以考虑用外部补偿的运放来满足对压摆率的需求。现在高压摆率的运放类型很多，绝大多数可以满足设计需求。

2. 多路负反馈型带通滤波器

图 6.10 是无限增益多路负反馈（MFB）电路，它是一种最简单的二阶带通电路。

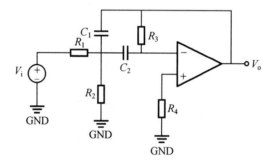

图 6.10　无限增益多路负反馈（MFB）电路

由电路可推出带通滤波器的传递函数

$$H_{\text{BP}}(s) = \cfrac{-\cfrac{1}{R_1 C_1}s}{s^2 + \cfrac{1}{R_3}\left(\cfrac{1}{C_1} + \cfrac{1}{C_2}\right)s + \cfrac{1}{R_3 C_1 C_2}\left(\cfrac{1}{R_1} + \cfrac{1}{R_2}\right)} \tag{6.17}$$

对比带通滤波器典型传递函数 $H_{\text{BP}}(1) = \cfrac{H_{\text{OBP}}\cfrac{\omega_0}{Q}s}{s^2 + \cfrac{\omega_0}{Q}s + \omega_0^2}$ 可知，滤波器参数与元器件值

的关系

$$H_{\text{OBP}} = \cfrac{R_3}{R_1\left(1 + \cfrac{C_1}{C_2}\right)} \tag{6.18}$$

$$\omega_0 = \sqrt{\cfrac{1}{R_3 C_1 C_2}\left(\cfrac{1}{R_1} + \cfrac{1}{R_2}\right)} \tag{6.19}$$

$$Q = \frac{\sqrt{\dfrac{1}{R_3 C_1 C_2}\left(\dfrac{1}{R_1}+\dfrac{1}{R_2}\right)}}{\dfrac{1}{R_3}\left(\dfrac{1}{C_1}+\dfrac{1}{C_2}\right)} \tag{6.20}$$

从滤波器参数可以看出,在调试电路时,应采用如下步骤:

(1) 调整中心频率。可以利用改变电容 C_1 进行调整。

(2) 调整品质因数。此时应调整与中心频率无关的元件参数,式中没有这样参数,实际中通常调整 R_2,这样调整品质因数时中心频率也会发生改变。

若选择 $C_1 = C_2 = C = \dfrac{10}{f_c}\ \mu\text{F}$,取相近的常用标称值,则电阻的元件值为

$$\begin{cases} R_1 = \dfrac{Q}{H_{OBP}\omega_0 C} \\[3mm] R_2 = \dfrac{Q}{(2Q^2 - H_{OBP})\omega_0 C} \\[3mm] R_3 = \dfrac{2Q}{\omega_0 C} \end{cases} \tag{6.21}$$

多路负反馈带通滤波器可以实现反相增益,同样该电路通常应用在品质因数 $Q < 10$。

设计注意事项:

(1) 通常使用容差为 5% 的标称值电阻就可以获得满意结果。在所有情况下,为获得最佳的性能,都应选用与计算所得的数值尽可能接近的电阻。

就电容而言,为得到最佳的结果,应当用容差为 5% 的电容。因为精密电容价格较高,总是希望使用容差较大的电容,这时通常需要调整。在大多数情况下,用容差为 10% 的电容。

(2) 在滤波器的输入端到地必须有一直流通路;在截止频率 f_c 点,运算放大器的开环增益至少应是滤波器的增益的 50 倍;而且在 f_c 处所要求的峰电压值与运算放大器的压摆率 SR 应该满足

$$SR \geqslant 2\pi f_c V_p \tag{6.22}$$

当 f_c 值较高时,可以考虑用外部补偿的运放来满足对压摆率的需求。现在高压摆率的运放类型很多,绝大多数可以满足设计需求。

(3) 为了把直流失调减少到最小,应满足

$$R_3 = R_4 \tag{6.23}$$

6.2　高品质因数带通滤波器节电路设计

前面无论是 VCVS 的二阶带通滤波器还是 MFB 二阶带通滤波器,品质因数 Q 多数都限制在 10 左右,这样电路较为稳定,但实际工程中有时需要二阶带通滤波器的品质因数大于 10,甚至到 50、100,因此需要高品质因数、电路稳定的二阶带通滤波器。

6.2.1　正反馈带通滤波器

正反馈带通滤波器典型电路如图 6.11 所示,它是由两个运放组成,每个运放在电路

中处于负反馈状态,整个电路为正反馈,因此该电路称为正反馈带通滤波器。正反馈意味着在该电路中通过 R_3 反馈的信号在频率为 ω_0 时是同相信号,这种滤波器的品质因数最高可达 50。

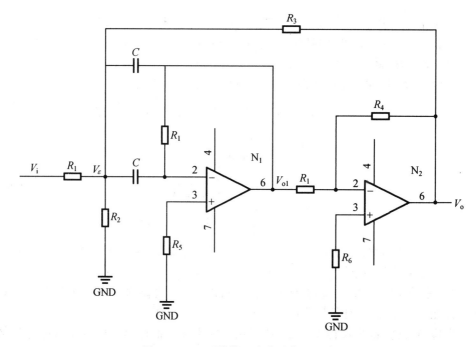

图 6.11　正反馈带通滤波器典型电路

电路的传递函数为

$$H(s)=\cfrac{\dfrac{R_4}{R_1^2 C}s}{s^2+\left(\dfrac{2-\dfrac{R_4}{R_3}}{R_1 C}\right)s+\left(\dfrac{\dfrac{1}{R_1}+\dfrac{1}{R_2}+\dfrac{1}{R_3}}{R_1 C^2}\right)} \tag{6.24}$$

对比带通滤波器典型传递函数 $H_{BP}(s)=\dfrac{H_{OBP}\dfrac{\omega_0}{Q}s}{s^2+\dfrac{\omega_0}{Q}s+\omega_0^2}$ 可知,滤波器参数与元器件值

的关系

$$\omega_0=\frac{1}{C}\sqrt{\frac{1}{R_1}\left(\frac{1}{R_1}+\frac{1}{R_2}+\frac{1}{R_3}\right)} \tag{6.25}$$

$$Q=\frac{R_3\sqrt{R_1\left(\dfrac{1}{R_1}+\dfrac{1}{R_2}+\dfrac{1}{R_3}\right)}}{2R_3-R_4} \tag{6.26}$$

$$H_{OBP}=\frac{R_3 R_4}{R_1(2R_3-R_4)} \tag{6.27}$$

从滤波器参数可以看出,在调试电路时,应采用如下步骤:

(1)调整中心频率。可以利用改变电容 C 进行调整。

（2）调整品质因数。此时应调整与中心频率无关的元件参数,通常调整 R_4,这样调整品质因数时中心频率不会发生改变。

给定中心频率、增益、品质因数,对于二阶滤波器或级联高阶滤波器相同的每一节,可按如下步骤进行设计:

选择电容 C 的值,取与 $C=\dfrac{10}{f_o}\mu F$ 相近的标称电容值。

按下式计算参数 K

$$K=\frac{100}{f_o C} \tag{6.28}$$

根据品质因数和增益在表 $6.1 \sim 6.6$ 中查电阻值,表中的电阻值对应于 $K=1$ 的情况,因此必须把这些数值乘以由式(6.28)求得的参数 K,得到电路中实际的电阻值。

表 6.1　二阶正反馈带通滤波器设计表($Q=5$)

增益	1	2	4	6
R_1	3.559	3.559	2.516	2.906
R_2	6.742	1.572	14.903	1.831
R_3	1.025	2.050	1.890	3.894
R_4	1.592	3.183	3.183	6.366

表 6.2　二阶正反馈带通滤波器设计表($Q=10$)

增益	1	2	4	6
R_1	5.033	5.033	3.559	2.906
R_2	1.396	0.794	1.767	4.310
R_3	0.945	1.890	1.792	1.751
R_4	1.592	3.183	3.183	3.183

表 6.3　二阶正反馈带通滤波器设计表($Q=15$)

增益	1	2	4	6
R_1	6.164	4.359	4.359	3.559
R_2	0.850	2.862	1.087	1.843
R_3	0.914	0.876	1.751	1.720
R_4	1.592	1.592	3.183	3.183

表 6.4　二阶正反馈带通滤波器设计表($Q=20$)

增益	1	2	4	6
R_1	7.118	5.033	5.033	4.109
R_2	0.644	1.585	0.827	1.264

续表6.4

增益	1	2	4	6
R_3	0.896	0.864	1.728	1.701
R_4	1.592	1.592	3.183	3.183

表6.5　二阶正反馈带通滤波器设计表($Q=25$)

增益	1	2	4	6
R_1	7.958	5.627	5.627	4.594
R_2	0.531	1.142	0.685	0.996
R_3	0.884	0.856	0.713	1.689
R_4	1.592	1.592	3.183	3.183

表6.6　二阶正反馈带通滤波器设计表($Q=30$)

增益	1	2	4	6
R_1	7.797	5.513	5.164	5.033
R_2	0.633	1.941	0.594	0.838
R_3	0.693	0.676	1.701	1.680
R_4	1.273	1.273	3.183	3.183

6.2.2　双二次型带通滤波器

如图6.12所示为双二次型带通滤波器电路。双二次型电路比 MFB 或 VCVS 电路需要的元件多,但它稳定性高,并且调整方便,在实际工程中应用广泛。电路的品质因数高达100,因此在一些要求比较高,即过渡要求陡峭的滤波器中,使用双二次型电路更能得到满意的结果。

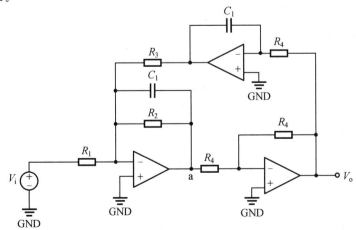

图6.12　双二次型带通滤波器电路

分析电路得到传递函数

$$H_{BP}(s)=\dfrac{\dfrac{1}{R_1C_1}s}{s^2+\dfrac{1}{R_2C_1}s+\dfrac{1}{R_3R_4C_1^2}} \tag{6.29}$$

对比带通滤波器典型传递函数 $H_{BP}(s)=\dfrac{H_{OBP}\dfrac{\omega_0}{Q}s}{s^2+\dfrac{\omega_0}{Q}s+\omega_0^2}$ 可知,滤波器参数与元器件值

的关系

$$H_{OBP}=\dfrac{R_2}{R_1} \tag{6.30}$$

$$\omega_0=\dfrac{1}{C_1}\sqrt{\dfrac{1}{R_3R_4}} \tag{6.31}$$

$$Q=\dfrac{R_2}{\sqrt{R_3R_4}} \tag{6.32}$$

从滤波器参数可以看出,在调试电路时,应采用如下步骤:

(1) 调整中心频率。可以利用改变电阻 C_1 进行调整。

(2) 调整品质因数。此时应调整与中心频率无关的元件参数,通常调整 R_2,这样调整品质因数时中心频率不会发生改变。

利用灵敏度公式可得

$$\begin{cases} S_{R_1}^{H_{OBP}}=-S_{R_2}^{H_{OBP}}=-1 \\ S_{C_1}^{\omega_0}=-1 \\ S_{R_3}^{\omega_0}=S_{R_4}^{\omega_0}=-\dfrac{1}{2} \end{cases} \tag{6.33}$$

由此可见双二次型带通滤波器的元件零敏度很低,因此电路稳定。

若选择 $C_1=C_2=C=\dfrac{10}{f_c}\mu F$,取相近的常用标称值,$R_4$ 为任意值,则电阻的元件值为

$$\begin{cases} R_1=\dfrac{1}{H_{OBP}BC} \\ R_2=\dfrac{1}{BC} \\ R_3=\dfrac{1}{R_4\omega_0^2C^2} \end{cases} \tag{6.34}$$

6.2.3　陶(Tow)－托马斯(Thomas)型带通滤波器

如图 6.13 所示电路,这种滤波器电路也称谐振器电路(简称 TT),它是由积分器、阻尼积分器、倒相器和加法积分器组成的。

图 6.13(a) 为积分电路,它的传递函数为

$$H(s)=\dfrac{V_o}{V_i}=\dfrac{1}{RC}\cdot\dfrac{1}{s} \tag{6.35}$$

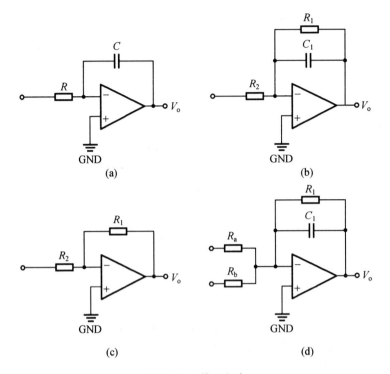

图 6.13　单元电路

图 6.13(b) 为阻尼积分电路, 它的传递函数为

$$H(s) = \frac{V_o}{V_i} = \frac{-\dfrac{1}{R_2 C_1}}{s + \dfrac{1}{R_1 C_1}} \tag{6.36}$$

图 6.13(c) 为倒相器, 它的传递函数为

$$H(s) = \frac{V_o}{V_i} = \frac{-R_1}{R_2} \tag{6.37}$$

如果 $R_2 = R_1$, 则 $H(s) = -1$。

图 6.13(d) 为加法积分器电路, 就是把两个信号加起来积分。

在图 6.14 的电路中

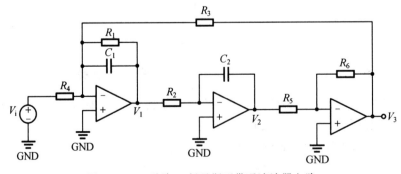

图 6.14　二阶陶－托马斯型带通滤波器电路

$$\begin{cases} V_1 = \dfrac{-\dfrac{1}{R_4 C_1}}{s + \dfrac{1}{R_1 C_1}} V_i + \dfrac{-\dfrac{1}{R_3 C_1}}{s + \dfrac{1}{R_1 C_1}} V_2 \\[4ex] V_2 = \dfrac{-\dfrac{1}{R_2 C_2}}{s} V_1 \end{cases}$$
(6.38)

如果令 $R_5 = R_6$，则 $V_3 = -V_2$。

$$\begin{cases} V_3 = -\left(-\dfrac{1}{R_2 C_2}\right)\left(\dfrac{\dfrac{1}{R_3 C_1}}{s + \dfrac{1}{R_1 C_1}} V_3 + \dfrac{-\dfrac{1}{R_4 C_1}}{s + \dfrac{1}{R_1 C_1}} V_i\right) \\[4ex] \dfrac{V_3}{V_i} = \dfrac{-\dfrac{1}{R_2 R_4 C_1 C_2}}{s^2 + \dfrac{1}{R_1 C_1}s + \dfrac{1}{R_2 R_3 C_1 C_2}} = H_{LP}(s) \end{cases}$$
(6.39)

这是在节点 V_3 处得到的低通滤波器，因此 TT 电路可以做出低通滤波器电路，也可以做出带通滤波器电路。如果要得到高通滤波器，电路需要改变。

而节点 V_1 处得到的传递函数为

$$\frac{V_1}{V_i} = \frac{-\dfrac{1}{R_4 C_1}s}{s^2 + \dfrac{1}{R_1 C_1}s + \dfrac{1}{R_2 R_3 C_1 C_2}} = H_{BP}(s)$$
(6.40)

若 $C_1 = C_2$，$R_2 = R_3$，$R_1 = R_4$，则式(6.40)可得

$$H_{BP}(s) = \frac{-\dfrac{1}{R_1 C_1}s}{s^2 + \dfrac{1}{R_1 C_1}s + \dfrac{1}{R_2^2 C_1^2}}$$
(6.41)

对照带通滤波器典型传递函数 $H_{BP}(s) = \dfrac{H_{OBP}\dfrac{\omega_0}{Q}s}{s^2 + \dfrac{\omega_0}{Q}s + \omega_0^2}$ 可知，滤波器参数与元器件值的关系

$$H_{OBP} = 1$$
(6.42)

$$\omega_0 = \frac{1}{R_2 C_1}$$
(6.43)

$$Q = \frac{R_1}{R_2}$$
(6.44)

从滤波器参数可以看出，在调试电路时，应采用如下步骤：

(1) 调整中心频率。可以利用改变电阻 R_2 进行调整。

(2) 调整品质因数。此时应调整与中心频率无关的元件参数，通常调整 R_1，这样调整品质因数时中心频率不会发生改变。

利用灵敏度公式可得

$$\begin{cases} S_{C_1}^{\omega_0} = S_{R_2}^{\omega_0} = -1 \\ S_{R_1}^{\omega_0} = -S_{R_2}^{\omega_0} = 1 \end{cases} \tag{6.45}$$

若选择 $C_1 = C = \dfrac{10}{f_c}\ \mu\text{F}$，取相近的常用标称值，则电阻的元件值为

$$\begin{cases} R_1 = \dfrac{Q}{\omega_0 C} \\ R_2 = \dfrac{1}{\omega_0 C} \end{cases} \tag{6.46}$$

6.2.4 KHN 型滤波器

KHN(Kerwin－Huelsman－Newcomb,凯尔文－许尔兹曼－纽科姆)型电路也称为状态变员(State Variable)电路,因为是从二阶线性常数系数微分方程的状态变量求解而来,KHN 电路如图 6.15 所示。

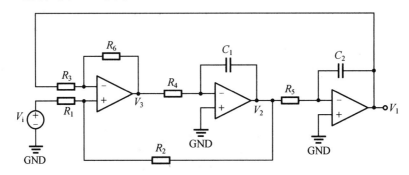

图 6.15　KHN 电路

在图 6.15 中,从 3 个节点取 V_1、V_2、V_3 可以分别得到低通、带通和高通滤波器的传递函数。

$$H_{\text{LP}}(s) = \frac{V_1}{V_i} = \frac{\dfrac{K_1}{K_2 C_1 C_2 R_4 R_5}}{D(s)} = \frac{H_{\text{OLP}}\omega_0^2}{s^2 + \dfrac{\omega_0}{Q}s + \omega_0^2} \tag{6.47}$$

$$H_{\text{BP}}(s) = \frac{V_2}{V_i} = \frac{-\dfrac{K_1}{K_2 C_1 R_4}s}{D(s)} = \frac{H_{\text{OBP}}\dfrac{\omega_0}{Q}s}{s^2 + \dfrac{\omega_0}{Q}s + \omega_0^2} \tag{6.48}$$

$$H_{\text{HP}}(s) = \frac{V_3}{V_i} = \frac{\left(\dfrac{K_1}{K_2}\right)s^2}{D(s)} = \frac{H_{\text{OHP}}s^2}{s^2 + \dfrac{\omega_0}{Q}s + \omega_0^2} \tag{6.49}$$

其中

$$K_1 = 1 + \frac{R_6}{R_3},\ K_2 = 1 + \frac{R_1}{R_2}$$

$$D(s) = s^2 + \frac{K_1(K_2-1)}{K_2 C_1 R_4}s + \frac{K_1-1}{C_1 C_2 R_4 R_5} \tag{6.50}$$

由式(6.50)可得

$$\omega_0 = \sqrt{\frac{K_1 - 1}{C_1 C_2 R_4 R_5}} \tag{6.51}$$

$$Q = \frac{K_2}{K_1} \cdot \frac{1}{K_2 - 1} \sqrt{(K_1 - 1) \frac{C_1 R_4}{C_2 R_5}} \tag{6.52}$$

由式(6.49)、(6.50)、(6.51)可得出滤波器的增益

$$\begin{cases} |H_{\mathrm{LP}}(\mathrm{j}\omega)| = \frac{K_1}{K_2} \left| \frac{1}{K_1 - 1} \right| \Big|_{\omega=0} \\[2mm] |H_{\mathrm{BP}}(\mathrm{j}\omega)| = \left| \frac{1}{K_2 - 1} \right| \Big|_{\omega=\omega_0} \\[2mm] |H_{\mathrm{HP}}(\mathrm{j}\omega)| = \frac{K_1}{K_2} \Big|_{\omega=\infty} \end{cases} \tag{6.53}$$

若取 K_1、K_2,$C_1 = C$ 和 $C_2 = \gamma C$,可得 R_4 和 R_5 的设计式

$$R_4 = \frac{Q_0}{\omega_0} \cdot \frac{K_1(K_2 - 1)}{K_2 C} \tag{6.54}$$

$$R_5 = \frac{1}{\omega_0 \gamma C Q_0} \cdot \frac{K_2}{K_1} \cdot \frac{K_1 - 1}{K_2 - 1} \tag{6.55}$$

以上各式都是假设运放为理想状态下导出的,即运放的增益带宽积 GBW 为无限,当为有限时,将运放增益近似为 GBW/s。设各级运放 GBW 相同。

令 $C_1 R_4 = C_2 R_5 = T$,$R_1 = R_3 = 1\ \Omega$,$R_2 = 2Q_p - 1$,可得

$$V_3 = \frac{\dfrac{K_1}{K_2}}{1 + \dfrac{K_1}{\mathrm{GBW}} s} V_i + \frac{\dfrac{K_1(K_2 - 1)}{K_2}}{1 + \dfrac{K_1}{\mathrm{GBW}} s} V_2 - \frac{K_1 - 1}{1 + \dfrac{K_1}{\mathrm{GBW}} s} V_1 \tag{6.56}$$

因此 GBW、ω_p 的近似灵敏度

$$S_{\mathrm{GBW}}^{\omega_p} \approx \frac{\omega_p}{\mathrm{GBW}} \tag{6.57}$$

$$S_{\mathrm{GBW}}^{Q_a} \approx \frac{-4 Q_q \omega_p}{\mathrm{GBW}} \tag{6.58}$$

Q_a 指 GBW$=\infty$ 时的理想值,$Q_a \approx \dfrac{1}{Q_p} - \dfrac{4\omega_p}{\mathrm{GBW}}$,可见在 GBW 有限时,$Q_p$ 值明显提高。

当 $\dfrac{1}{Q_p} = \dfrac{4\omega_p}{\mathrm{GBW}}$ 或 $\dfrac{4 Q_p \omega_p}{\mathrm{GBW}} = 1$,电路将振荡。因此通常要求 $\dfrac{4 Q_p \omega_p}{\mathrm{GBW}} < 0.1$,于是工作范围受到限制。如 $f_p = 1\ \mathrm{kHz}$,$\mathrm{GBW} = 2\pi \times 1\ \mathrm{MHz}$,则 $Q_p < 25$。用较高 GBW 运放可以改善一些。

从无源及有源灵敏度的数值来说,二阶节使用放大器数量多的比一般单放大器构成的二阶节电路性能要好一些,但是单放大器上阶节电路中的德利亚尼 — 弗兰德电路的灵敏度并不比多放大器二阶节差。但多放大器构成的二阶节比所有的单放大器构成的二阶节更容易调试,并且通用型较好。

为了充分利用放大器的动态范围,不管是作为低通、高通、带通,输入信号幅度最好一样,即

$$|H_{\text{LP}}(j\omega)|=|H_{\text{BP}}(j\omega)|=|H_{\text{HP}}(j\omega)| \tag{6.59}$$

在图 6.13(a) 电路中，为了更好地调整 ω_0、Q_0、$|H|$，需要增加一个电阻 R_a，如图 6.16 所示。

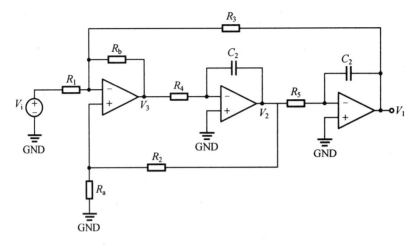

图 6.16　ω_0、Q、H_0 可调的 KHN 电路

此时的低通、带通、高通的传递函数为

$$H_{\text{LP}}(s)=\frac{V_1}{V_i}=\frac{-\left(\dfrac{R_b}{R_1}\right)\dfrac{1}{C_1C_2R_4R_5}}{D(s)} \tag{6.60}$$

$$H_{\text{BP}}(s)=\frac{V_2}{V_i}=\frac{\left(\dfrac{R_b}{R_1}\right)\dfrac{1}{C_1R_4}s}{D(s)} \tag{6.61}$$

$$H_{\text{HP}}(s)=\frac{V_3}{V_i}=\frac{-\left(\dfrac{R_b}{R_1}\right)s^2}{D(s)} \tag{6.62}$$

其中

$$D(s)=s^2+\frac{1+\dfrac{R_b}{R_1}+\dfrac{R_b}{R_3}}{\dfrac{1}{C_1R_4}\left(1+\dfrac{R_2}{R_a}\right)}\cdot s+\left(\dfrac{R_b}{R_3}\right)\cdot\frac{1}{C_1C_2R_4R_5} \tag{6.63}$$

6.2.5　AM 型滤波器

AM(Akerbreg－Mossberg 阿克贝－莫斯贝) 电路结构如图 6.17 所示。
根据电路列节点电压方程

$$\begin{cases}V_{\text{in}}G_1+V_1G_4+V_0(G_5+sC_2)=0\\V_2G_2=-V_1G_3\\V_0G_6+V_2sC_1=0\end{cases} \tag{6.64}$$

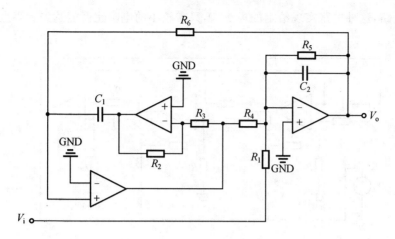

图 6.17　AM 电路

$$H(s) = \frac{sC_1 G_1 G_3}{s^2 C_1 C_2 G_3 + sC_1 G_3 G_5 + G_2 G_4 G_6} = \frac{s\dfrac{G_1}{C_2}}{s^2 + s\dfrac{G_5}{C_2} + \dfrac{G_2 G_4 G_6}{C_1 C_2 G_3}} \qquad (6.65)$$

将传递函数与标准的二阶低通函数进行对比,因此,电路元件参数与滤波器参数的关系

$$\begin{cases} \omega_0 = \sqrt{\dfrac{R_3}{C_1 C_2 R_2 R_4 R_6}} \\[4mm] Q = R_5 \sqrt{\dfrac{R_3 C_2}{C_1 R_2 R_4 R_6}} \end{cases} \qquad (6.66)$$

中心频率 ω_0 对元件 C_1、C_2、R_2、R_4、R_6、R_3 的灵敏度为

$$\begin{cases} S_{C_1}^{\omega_0} = S_{C_2}^{\omega_0} = S_{R_2}^{\omega_0} = S_{R_4}^{\omega_0} = S_{R_6}^{\omega_0} = -\dfrac{1}{2} \\[4mm] S_{R_3}^{\omega_0} = \dfrac{1}{2} \end{cases} \qquad (6.67)$$

$$\begin{cases} S_{C_1}^{Q} = S_{R_2}^{Q} = S_{R_4}^{Q} = S_{R_6}^{Q} = -\dfrac{1}{2} \\[4mm] S_{R_3}^{Q} = S_{C_1}^{Q} = \dfrac{1}{2} \\[4mm] S_{R_3}^{Q} = 1 \end{cases} \qquad (6.68)$$

可以看出 AM 模型的元件灵敏度都是比较低的,因此电路的稳定性很好。

从滤波器参数可以看出,在调试电路时,应采用如下步骤:

(1) 调整中心频率。可以利用改变电阻 R_2 进行调整。

(2) 调整品质因数。此时应调整与中心频率无关的元件参数,通常调整 R_5,这样调整品质因数时中心频率不会发生改变。

6.2.6　MB 型带通滤波器

MB 型带通滤波器电路如图 6.18 所示,它是由三个放大器组成的。该电路实际是通用滤波器电路,这种电路实现给定的极点 Q,只需较小的电阻比就能达到。零点由电阻前馈网络构成。

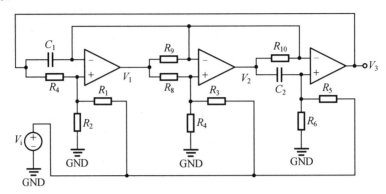

图 6.18 MB 型带通滤波器电路

假设所有放大器都是理想情况下:

$$\frac{V_1}{V_i} = \frac{s^2\left[G_1\left(1+\dfrac{G_4}{G_9}\right)-\dfrac{G_2G_3}{G_9}\right]+\dfrac{G_3G_7G_8}{G_9G_1}s+\dfrac{G_7G_{10}}{C_1C_2}\left[\left(1+\dfrac{G_4}{G_9}\right)G_5-\dfrac{G_3G_6}{G_9}\right]}{D(s)} \tag{6.69}$$

$$\frac{V_3}{V_i} = \frac{-s^2G_1+s\dfrac{G_7G_8}{G_9G_{10}}\left[\left(1+\dfrac{G_2}{G_7}\right)G_3-\dfrac{G_1G_4}{G_7}\right]+\dfrac{G_7G_{10}}{C_1C_2}\left[\left(1+\dfrac{G_2}{G_7}\right)G_5-\dfrac{G_4G_6}{G_7}\right]}{D(s)}$$

$$\tag{6.70}$$

其中

$$D(s) = s^2\left(G_1+G_2\right)+s\frac{G_7G_8}{G_9C_1}\left(G_3+G_4\right)+\frac{G_7G_{10}}{C_1C_2}\left(G_5+G_6\right)$$

$$G_i = \frac{1}{R_i} \tag{6.71}$$

上面的传递函数中:

(1) 在式(6.69)中若令 $G_3=0$ 或式(6.70)中若令 $G_1=G_3=0$ 可以实现带阻滤波器特性。

(2) 若令 $G_2=G_3=G_5=0$,$G_7=G_4$ 可实现全通滤波器特性。

(3) 若令式(6.70)中 $G_1=G_5=G_4=0$ 可实现带通滤波器特性。

此时中心频率和品质因数为

$$\omega_0 = \sqrt{\frac{G_5G_7G_{10}+G_6}{G_1G_2G_7+G_8}}$$

$$Q = \frac{R_3R_4R_8}{R_9\left(R_3+R_4\right)}\sqrt{\frac{R_7C_1\left(R_1+R_2\right)\left(R_5+R_6\right)}{R_1R_2R_5R_6R_{10}C_2}} \tag{6.72}$$

关于电阻元件值的计算比较麻烦,这里不给出,可以通过计算机软件进行辅助设计。

第7章　带阻和全通滤波器设计

7.1　带阻基本滤波器节电路设计

7.1.1　压控电压源型带阻滤波器

压控电压源型带阻滤波器的电路形式如图 7.1 所示。

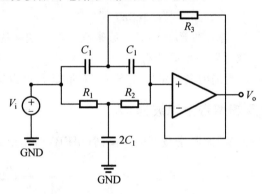

图 7.1　压控电压源型带阻滤波器

假定 $\dfrac{1}{R_3} = \dfrac{1}{R_1} + \dfrac{1}{R_2}$，经过分析得出带阻滤波器的传递函数

$$H_{\text{Notch}}(s) = \frac{s^2 + \dfrac{1}{R_1 R_2 C_1^2}}{s^2 + \dfrac{2}{R_2 C_1}s + \dfrac{1}{R_1 R_2 C_1^2}} \tag{7.1}$$

然后根据带阻滤波器传递函数的标准形式与上式进行对比

$$H_{\text{Notch}}(s) = \frac{K_{\text{p}}(s^2 + \omega_0^2)}{s^2 + \omega_0 \alpha s + \omega_0^2} \tag{7.2}$$

于是可以得出

$$\begin{cases} R_1 = \dfrac{1}{2Q\omega_0 C_1} \\[2mm] R_2 = \dfrac{2CQR_1}{\omega_0 C_1} \\[2mm] R_3 = \dfrac{R_1 R_2}{R_1 + R_2} \end{cases} \tag{7.3}$$

压控电压源型带阻滤波器电路的优点是所需 RC 元件数量少，适用于 Q 小于 10 的情况，否则元件之间的差别范围将扩大，因此为了得到最佳性能，电路的 Q 值应该控制在 10 以下。

设计注意事项：

（1）为了获得最佳的电路性能，运算放大器的输入电阻至少应是 R_1+R_2 的 10 倍。对于给定的运算放大器，通过适当选择电容 C 值以得到适宜的电阻值来满足上述条件。

（2）通常使用容差为 5% 的标称值电阻就可以获得满意结果。在所有情况下，为获得最佳的性能，选用和计算得的数值应尽可能接近的电阻。

就电容而言，为得到最佳的结果，应当用容差为 5% 的电容。因为精密电容价格较高，总是希望使用容差较大的电容，这时通常需要调整。在大多数情况下，用容差为 10% 的电容。

（3）在滤波器的输入端到地必须有一直流通路；在频率 f_a 点，运算放大器的开环增益至少应是滤波器的增益的 50 倍（f_a 是通带中要求最高的频率）；而且在 f_a 处所要求的峰电压值与运算放大器的压摆率 SR 应该满足

$$SR \geqslant 2\pi f_a V_p$$

当 f_a 值较高时，可以考虑用外部补偿的运放来满足对压摆率的需求。现在高压摆率的运放类型很多，绝大多数可以满足设计需求。

（4）改变 R_1 可在一定范围内调整中心频率 f_0，而带宽 B 可以保持不变。

7.1.2　多路负反馈型带阻滤波器

图 7.2 是一种简单的二阶无限增益多路负反馈（MFB）带阻滤波器电路。

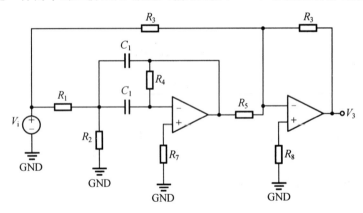

图 7.2　多路负反馈带阻滤波器电路

假定 $R_3 R_4 = 2R_1 R_5$，经过分析得出带阻滤波器的传递函数

$$H_{\text{Notch}}(s) = \frac{-\dfrac{R_6}{R_3}\left(s^2 + \dfrac{1}{R_4 C_1^2}\left(\dfrac{1}{R_1}+\dfrac{1}{R_2}\right)\right)}{s^2 + \dfrac{2}{R_4 C_1}s + \dfrac{1}{R_4 C_1^2}\left(\dfrac{1}{R_1}+\dfrac{1}{R_2}\right)} \tag{7.4}$$

然后根据带阻滤波器传递函数的标准形式与上式进行对比

$$H_{\text{Notch}}(s) = \frac{K_p(s^2+\omega_0^2)}{s^2+\omega_0 \alpha s+\omega_0^2} \tag{7.5}$$

且令 $R_1=R_2$，于是可以得出

$$\begin{cases} R_1 = \dfrac{1}{\omega_0 Q C_1} \\ R_2 = R_1 \\ R_3 = 任意 \\ R_4 = 2Q^2 R_1 \\ R_5 = Q^2 R_3 \\ R_6 = K_p R_3 \end{cases} \tag{7.6}$$

电路中的 C_1 为任意值,增益为 $-K_p(K_p>0)$。

多路负反馈带阻滤波器的品质因数比压控电压源带阻滤波器大,可以达到 25。

设计注意事项:

(1) 对于二阶,通常使用容差为 5% 的标称值电阻就可以获得满意结果。在所有情况下,为获得最佳的性能,选用和计算得的数值应尽可能接近的电阻。

就电容而言,为得到最佳的结果,应当用容差为 5% 的电容。因为精密电容价格较高,总是希望使用容差较大的电容,这时通常需要调整。在大多数情况下,用容差为 10% 的电容。

对于四阶,应当用容差为 2% 的电阻和容差为 5% 的电容。

(2) 在滤波器的输入端到地必须有一直流通路;在频率 f_a 点,运算放大器的开环增益至少应是滤波器的增益的 50 倍(f_a 是通带中要求最高的频率);而且在 f_a 处所要求的峰电压值与运算放大器的压摆率 SR 应该满足

$$SR \geqslant 2\pi f_a V_p \tag{7.7}$$

当 f_a 值较高时,可以考虑用外部补偿的运放来满足对压摆率的需求。现在高压摆率的运放类型很多,绝大多数可以满足设计需求。

(3) 单节的反相增益为 R_2/R_1,改变 R_1 影响增益,改变 R_2 影响 Q,改变 R_3 影响 f_0。

7.2　全通基本滤波器节电路设计

一阶全通滤波器电路如图 7.3 所示,该电路由输入电压 V_i 通过低通滤波器函数与运算放大器的同相端相连接,而同相端电压为

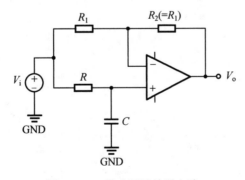

图 7.3　一阶全通滤波器电路

$$V_P(s) = -\frac{V_i}{1 + RCs} \tag{7.8}$$

此外,电路的输出电压为

$$V_o(s) = -\frac{R_2}{R_1}V_i + \left(1 + \frac{R_2}{R_1}\right)V_p \tag{7.9}$$

若 $R_1 = R_2$,则有

$$V_o(s) = -V_i + 2V_p \tag{7.10}$$

将式(7.8)代入式(7.10)可得

$$H_{AP}(s) = -\frac{1 - RCs}{1 + RCs} \tag{7.11}$$

令 $s \to j\omega$,式(7.11)变换为频域形式

$$H_{AP}(j\omega) = \frac{1 - j\omega RC}{1 + j\omega RC} = 1 < -2\arctan(\omega RC) \tag{7.12}$$

可以看出全通滤波器的增益为 1 V/V,信号可以全部通过该滤波器而幅度不产生变化,只是引入了一个附加相位,即 $0° \sim -180°$,因此,全通滤波器可以作为移相器使用或用于修正其他滤波器的相位特性。

第8章 集成滤波器

前面几章的有源滤波器都是利用运算放大器、电阻、电容设计而成的,对于要求集成度高、可靠性高的应用不是最优设计,而集成滤波器以其自身的优势,使得设计简单、调试容易、可靠性高等特点得到了广泛应用。

集成有源滤波器与其他滤波器相比,具有以下优点:

(1)体积小,外围元器件少。

(2)受环境条件影响小,如机械振动、化学因素等。

(3)元件灵敏度高,滤波器参数环境因素影响小,如温度、湿度。

(4)受电磁干扰的影响小。

(5)可避免各滤波节之间的负载效应而使滤波器的设计和计算大大简化,且易于进行电路调试。

但是,集成有源滤波器也有缺点,如:

(1)功耗高,集成滤波器由于主要兼顾其滤波器性能、稳定性等,因此内部电路复杂,造成单片的功耗较高。

(2)产品种类少,对于能任意调整工作带宽、中心频率等滤波器参数的集成滤波器少,如常用的 MAX274、MAX275、LTC1562 等,但其最高设计频率在 300 kHz 以下。其他高频滤波器也有,但是为专用型的集成滤波器。若应用高频场合,还是要回归运放设计的滤波器。

目前在市场上可获得的产品有两大类:连续时间滤波器(continuous time active filter,CTA Filter)和开关电容滤波器(switched—capacitor active filter,SCA Filter)。前者是指模拟信号以连续时间函数形式通过滤波器。"连续"两字仅仅是相对后者基于开关电容原理的离散化的状态变量形式而言。SCAF 的主要优点是仅仅改变输入时钟频率就可以编程滤波器的特征频率,但这也是它的不利之处,由于需要使用高电平时钟(一般为TTL 电平),若电路板和工艺处置不当,往往会在滤波器所处的弱信号电路环节引入附加噪声,恶化了信噪比。

8.1 连续时间滤波器

8.1.1 概述

连续时间滤波器货架产品有两种,分别为通用型和专用型。通用型(Universal)是指同一个滤波器集成芯片实现低通、带通、带阻、高通甚至是全通滤波器。专用型是指低通或带通或带阻或高通其中一种功能的滤波器,尤其以低通滤波器居多。

8.1.2 MAX274/5 集成滤波器

MAX274/5 是 1993 年由 MAXIM 公司开发，到目前为止仍是非常少数的几种通用型 CTA Filter 之一，也是仍被广泛采用的型号之一。MAX274 内部是由四个独立的通用二阶节构成，而 MAX275 只有两个，因此用一片 MAX274 即可构成一个八阶（MAX275 为四阶）的 Butterworth、Chehyshev 或 Bessel 特性的低通或带通滤波器。由于没有设计传输零点，所以不能用来构成 Cauer 和 All－Pass 型滤波器；另外，为了适应集成器件引脚数的标准化，高通输出端未能提供输出引脚。

MAX274 芯片具有以下优点：

(1)只需外接电阻，硬件设计简单且受杂散电容影响小。

(2)MAXIM 公司提供免费的滤波器设计软件，无须复杂的计算。

(3)芯片为连续时间滤波器，无时钟噪声，总谐波失真典型值为－86 dB。

(4)放大倍数可调，软件调整参数简便易懂。

1. 主要技术指标

(1)阶数：MAX274 共计 8 阶，由 4 个独立二阶节构成。

MAX275 共计 4 阶，由 2 个独立二阶节构成。

(2)可实现滤波器特性：Butterworth、Chebyshev、Bessel 及其他。

(3)可实现适应滤波器种类：LPF、BPF、BS。

(4)中心频率：MAX274 为 100 Hz～150 kHz；MAX275 为 100 Hz～300 kHz。

(5)增益带宽积：MAX274、MAX275 都是 7.5 MHz。

(6)中心频率精度：MAX274 约±1%、MAX275 约±0.9%。

(7)供电电压：+5 V 或±5 V。

(8)功耗：MAX274 为 30 mA(±5 V)、MAX275 为 24 mA(±5 V)。

2. 引脚图和内部结构

MAX274 引脚图如图 8.1 所示。其中：

(1)IN(A、B、C、D)：各二阶节的信号输入端。

(2)LPI(A、B、C、D)：各低通滤波器输入。

(3)BPI(A、B、C、D)：各带通滤波器输入。

(4)LPO(A、B、C、D)：各低通滤波器的输出端。

(5)BPO(A、B、C、D)：各带通滤波器的输出端。

(6)V+：电源输入正端，+5 V。

(7)V－：电源输入负端，－5 V。

(8)FC：内部参数控制(图 8.2)。

3. 内部结构图

MAX274 内部单个二阶滤波单元电路结构如图 8.2 所示。最高中心设计频率可达 150 kHz，最后一个运放输入端的 5 kΩ 电阻将积分电容与外管脚的寄生电阻隔离，大大提高了滤波器极点的精度，单个二阶滤波单元其中心频率 f、品质因素 Q、带通增益 H_{OBP}、低通增益 H_{OLP} 均可由其外接电阻 R_1～R_4 的设计来确定。通过配置各单元外接电阻的阻

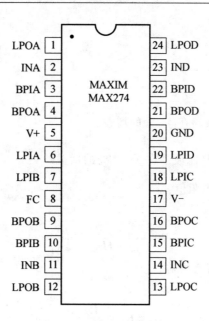

图 8.1　MAX274 引脚图

值,可以设计出最高八阶(只能为偶数阶)有源的低通、带通、带阻和高通滤波器。

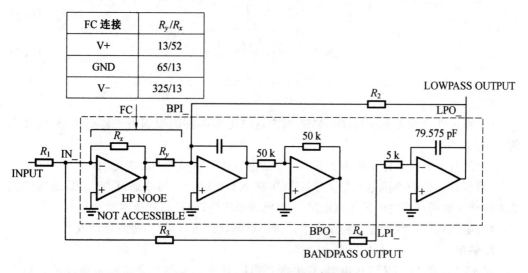

FC 连接	R_y/R_x
V+	13/52
GND	65/13
V−	325/13

图 8.2　1/4MAX274 内部功能框图

4. 外围电阻计算

每个二阶节的外围电阻可以通过中心频率、品质因数、滤波器增益进行计算。外围电阻满足下列关系式,其中频率 f 的单位为 Hz,电阻 R 的单位为 kΩ。

(1)FC 端对内部 R_y/R_x(kΩ)的控制如表 8.1。

表 8.1　FC 端对内部 R_y/R_x(kΩ)的控制

FC=V+	FC=GND	FC=V−
$R_y/R_x=13/52$	$R_y/R_x=65/13$	$R_y/R_x=325/13$

$(2)\,f_{\mathrm{o}}=2\sqrt{\dfrac{1}{R_2(R_4+5)}}\times 10^9$。

$(3)\,Q=R_3\dfrac{R_y}{R_x}\sqrt{\dfrac{1}{R_2(R_4+5)}}$。

$(4)\,H_{\mathrm{OBP}}=\dfrac{R_3}{R_1}$；BP 滤波器在 f_0 处的增益。

$(5)\,H_{\mathrm{OLP}}=\dfrac{R_2}{R_1}\left(\dfrac{R_x}{R_y}\right)$；LP 滤波器在 $f=0$ 处的增益。

因此可以求解出各个电阻值：

当设计低通滤波器时

$$R_1=\frac{2\times 10^9}{f_{\mathrm{o}}\times H_{\mathrm{OLP}}}\times\left(\frac{R_x}{R_y}\right) \tag{8.1}$$

式中，H_{OLP} 是低通滤波器直流增益。

当设计带通滤波器时

$$R_1=\frac{R_3}{H_{\mathrm{OLP}}} \tag{8.2}$$

式中，H_{OLP} 是带通滤波器 f_0 处的增益。

$$R_2=\frac{2\times 10^9}{f_{\mathrm{o}}} \tag{8.3}$$

$$R_3=\frac{2\times 10^9\times Q}{f_{\mathrm{o}}}\times\left(\frac{R_x}{R_y}\right) \tag{8.4}$$

$$R_4=R_2-5\text{ k}\Omega \tag{8.5}$$

注意：

(1)外接电阻最大不应超过 4 MΩ，因为这时寄生电容的影响会比较明显，造成过大的 f_{o}/Q 误差。

(2)外接电阻最小也不应小于 5 kΩ，这是由运放的驱动能力所决定的。

(3)当计算出的外接电阻值大于 4 MΩ 或小于 5 kΩ 时，可以通过改变 FC 的接线位置来调整或者用这个电阻的等效电阻 T 形网络来代替，详见芯片技术手册。

(4)电阻元件参数计算可利用美信公司提供的软件进行设计，提高设计效率。

5. 供电

MAX274 或 MAX275 供电时，双电源供电时就在芯片的正负电源引脚连接正负电源，为了降低滤波器输出噪声，在芯片电源引脚的最近处连接 0.1 μF 的陶瓷滤波电容，如图 8.3 所示。

单电源工作时，滤波器供电如图 8.4 所示，图中不是将负电源直接接地的通常做法，如果直接接地很容易引起噪声滤波器的损坏，如图 8.5 所示。

6. 设计方法

设计方法与一般有源滤波器的设计原则是一致的，但由于不再存在开关电容滤波器频率定标的方便性和 Q 值计算的规格性，所以必须对各二阶节逐一计算和定标。

但是 MAXIM 公司编制了针对 MAX274/275 的设计软件。该软件可以直接从该公

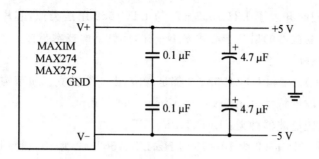

图 8.3　正负供电原理图

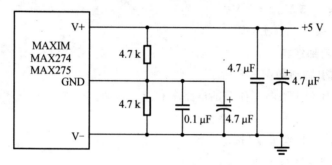

图 8.4　单电源供电原理图

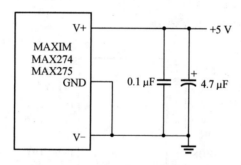

图 8.5　不正确的单电源供电原理图

司的网站上下载。设计软件的使用很方便,只要输入滤波器种类、特性、阶数、带内、带外的衰减要求等,就可以算出 R_1、R_2、R_3、R_4 的设计结果。

8.1.3　LTC1562 集成滤波器

LTC1562 是 1998 年 Linear 公司开发的一款低噪声、低失真的连续时间、无时钟驱动的轨至轨输入和输出的集成有源滤波器。该芯片的内部包含 4 个独立的二阶模块,实现过程中可以任何组合叠加,滤波器的中心频率、Q 值和增益可使用公式计算或软件进行设计。各个二阶模块均可以实现低通或带通输出功能,如果需要高通输出响应,则需要将其中一个电阻替换为电容即可实现。

LTC1562 芯片可以通过安装 Linear 公司的 FilterCAD 这款专用软件进行开发设计,方便设计使用并缩短开发周期,同时 LTC1562 的外围电路基本由电阻组成,电阻器件的精度更好保证,从而多通道应用下可以更好地提高模拟通道间的相位一致性。

Linear 公司同时开发了 LTC1562－2,与 LTC1562 用法类似,芯片封装与引脚定义都一样,只是两个滤波器的最高中心频率不一样,详见下面技术指标。

1. 主要技术指标

(1)阶数:LTC1562 和 LTC1562－2 都是八阶,由 4 个独立二阶节构成。

(2)可实现滤波器特性:Butterworth、Chebyshev、Elliptic。

(3)可实现适应滤波器种类:LPF、HPF、BPF。

(4)中心频率:LTC1562 为 10～150 kHz;LTC1562－2 为 20～300 kHz。

(5)中心频率精度:LTC1562 为 ±0.3%～0.6%,TC1562－2 为 ±0.5%～1.7%。

(6)供电电压:+5 V 或 ±5 V。

(7)功耗:20～25 mA(±5 V)。

2. 引脚图和内部结构

LTC1562 的引脚图如图 8.6 所示。

(1)INV(A、B、C、D):各二阶节的电路求和点。

(2)V1/2(A、B、C、D):各滤波器输出。

(3)SHDN:滤波器使能端(接地有效)。

(4)AGND:滤波器参考地。

(5)V+:电源输入正端,+5 V。

(6)V－:电源输入负端,－5 V 或地。

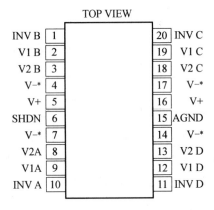

图 8.6　LTC1562(LTC1562－2)引脚图

3. 内部结构图

LTC1562 内部功能框图如图 8.7 所示。最高中心设计频率可达 150 kHz,通过配置各单元外接阻抗 Z_{IN} 的类型,可以设计出最高八阶(只能为偶数阶)有源的低通、高通、带通、带阻滤波器。

4. 外围电阻计算

每个二阶节的外围电阻可以通过中心频率、品质因数、滤波器增益进行计算。外围电阻满足下列关系式,其中频率 f 的单位为 kHz,电阻 R 的单位为 kΩ。

Z_{IN} TYPE	RESPONSE AT V1	RESPONSE AT V2
R	BANDPASS	LOWPASS
C	HIGHPASS	BANDPASS

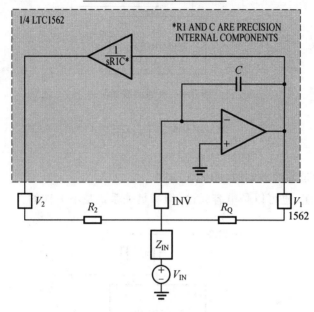

图 8.7　1/4LTC1562 内部功能框图

① $f_{\circ} = 100 \times \sqrt{\dfrac{10}{R_2}}$；

② $Q = \dfrac{R_Q}{R_2} \times \left(\dfrac{100}{f_{\circ}}\right)$；

③不同滤波器类型，Z_{IN} 元器件类型和输出引脚位置是不同的。

（1）当设计为低通滤波器时（图 8.8）。

Z_{IN} 为电阻元件，满足关系为

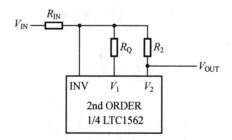

图 8.8　低通滤波器阶

$$H_{OLP} = \frac{R_2}{R_{IN}} \tag{8.6}$$

（2）当设计为高通滤波器时（图 8.9）。

Z_{IN} 为电容元件，满足关系为

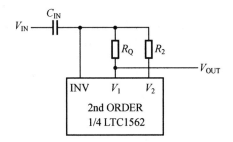

图 8.9　高通滤波器阶

$$H_{\text{OHP}} = \frac{C_{\text{IN}}}{159 \text{ pF}} \tag{8.7}$$

(3)当设计为带通滤波器时(图 8.10)。

Z_{IN}可以是电阻,也可以是电容元件,但满足关系式是不一样的。

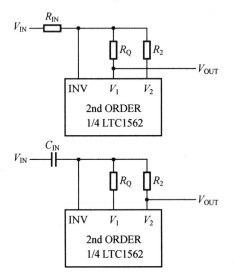

图 8.10　带通滤波器阶

Z_{IN}为电阻

$$H_{\text{OBP}} = \frac{R_{\text{Q}}}{R_{\text{IN}}} \tag{8.8}$$

Z_{IN}为电容

$$H_{\text{OBP}} = \left(\frac{R_{\text{Q}}}{10}\right) \times \left(\frac{C_{\text{IN}}}{159 \text{ pF}}\right) \tag{8.9}$$

当设计低通滤波器时

$$R_{\text{IN}} = \frac{R_2}{H_{\text{OLP}}} \tag{8.10}$$

当设计为高通滤波器时,Z_{IN}为电容元件

$$C_{\text{IN}} = \frac{H_{\text{OHP}}}{159 \text{ pF}} \tag{8.11}$$

当设计为带通滤波器时，Z_{IN} 为电阻

$$R_{IN} = \frac{R_Q}{H_{OBP}} \tag{8.12}$$

Z_{IN} 为电容

$$C_{IN} = H_{OBP} \times \left(\frac{10}{B_Q}\right) \times 159 \text{ pF} \tag{8.13}$$

5. 设计实例

利用 LTC1562 设计滤波器时，外围元器件的参数值可以利用公式直接进行计算，也可以 Linear 公司提供的软件进行计算。图 8.11 为四通道低通滤波器，滤波器阶数为三阶，增益为 -1，截止频率如表 8.2 所示。图 8.12 为八阶带通滤波器典型电路图。

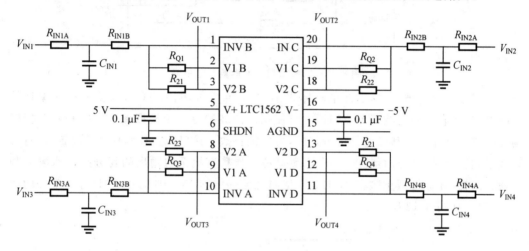

图 8.11　四通道低通滤波器

表 8.2　不同截止频率下的元器件值

	1～3 dB 20 kHz	1～3 dB 40 kHz	1～3 dB 60 kHz	1～3 dB 80 kHz	1～3 dB 100 kHz	1～3 dB 120 kHz	1～3 dB 140 kHz
Q_{IN}	220	1 000	1 000	1 000	1 000	1 000	1 000
B_{INA}	44.2	4.32	3.16	2.43	1.96	1.87	1.69
B_{INB}	205	57.6	24.3	13.0	8.0	5.1	3.4
P_Q	249	61.9	27.4	15.4	10.0	6.98	5.11
R_2	249	61.9	27.4	15.4	10.0	6.98	5.11

6. 设计方法

设计方法同 MAX274/275，可以用公式计算或利用 FilterCAD 软件进行设计。

8.1.4　LTC1564 集成滤波器

前面两节介绍的滤波器用法类似，需要外围元器件实现滤波功能，而 LTC1564 无须

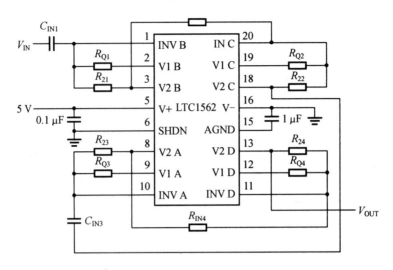

图 8.12　八阶带通滤波器典型电路图

外围电阻或电容滤波元件,因此电路体积小、PCB 布线简单。LTC1564 是一种新型连续时间滤波器,它无须滤波器专业知识即可使用。滤波器有一个模拟输入引脚和一个模拟输出引脚。截止频率和增益是可编程的,可以锁存数字接口截止频率和增益设置,或者可以绕过它直接从引脚进行控制。LTC1564 是一款具有轨至轨输出的高分辨的八阶椭圆低通滤波器,在通带截止频率 f_c 的 2.5 倍时能够提供约 100 dB 的衰减,具有非常好的频率选择性,如图 8.13 所示。

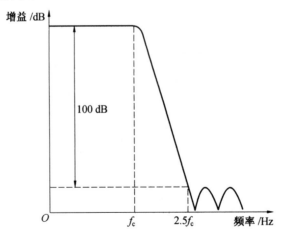

图 8.13　频率响应曲线

1. 主要技术指标

(1)阶数:八阶。

(2)可实现滤波器特性:Elliptic。

(3)可实现适应滤波器种类:LPF。

(4)截止频率:10～150 kHz,10 kHz 步进(4 bit 数字控制)。

(5)增益:1~16 倍,1 倍步进(4 bit 数字控制)。

(6)供电电压:2.7~10 V 或±1.35~±5 V。

(7)功耗:15~22 mA。

2. 引脚图和内部结构

LTC1564 的引脚图如图 8.14 所示。

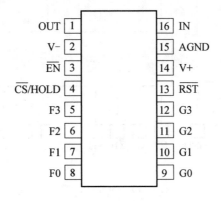

图 8.14　LTC1564 引脚图

(1)IN:信号输入。

(2)OUT:滤波器输出。

(3)F0~F3:截止频率数字控制端。

(4)G0~G3:增益数字控制端。

(5)V+、V-:供电。

(6)AGND:地。

(7)$\overline{\text{EN}}$:芯片使能端,低电平有效。

(8)$\overline{\text{CS}}$/HOLD:数字端子使能控制,该引脚低电平时,数字控制改变有效;高电平时,数字控制改变不能控制截止频率和增益,相当于锁键盘功能。

(9)$\overline{\text{RST}}$:复位,低电平有效。

内部结构图如图 8.15 所示。

3. 幅频特性

LTC1564 由于是八阶滤波器,并且滤波器特性为椭圆滤波器,因此过渡带陡峭,具有非常好的频率选择性。如图 8.16 所示,图中给出了截止频率分别是 10 kHz、50 kHz、150 kHz 三种典型截止频率的幅频特性,横轴为归一化频率。3 条曲线在归一化频率约等于 2 之前具有相同的衰减特性,即-70 dB/倍频程。

4. 滤波器参数设置

滤波器的截止频率和增益调整,可以通过芯片的数字端子输入的高低电平进行配置。如表 8.3 和表 8.4 所示。

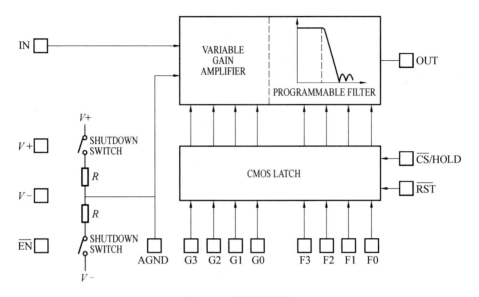

图 8.15　内部结构图

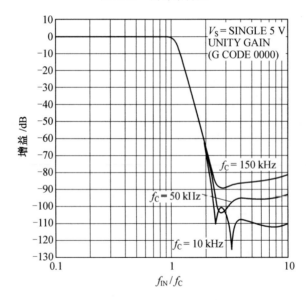

图 8.16　LTC1564 幅频特性曲线

表 8.3　截止频率配置表

F0	F1	F2	F3	截止频率/kHz
0	0	0	0	无输出
0	0	0	1	10
0	0	1	0	20
0	0	1	1	30

续表8.3

F0	F1	F2	F3	截止频率/kHz
0	1	0	0	40
0	1	0	1	50
0	1	1	0	60
0	1	1	1	70
1	0	0	0	80
1	0	0	1	90
1	0	1	0	100
1	0	1	1	110
1	1	0	0	120
1	1	0	1	130
1	1	1	0	140
1	1	1	1	150

表 8.4　增益配置表

G0	G1	G2	G3	增益(V/V)
0	0	0	0	1
0	0	0	1	2
0	0	1	0	3
0	0	1	1	4
0	1	0	0	5
0	1	0	1	6
0	1	1	0	7
0	1	1	1	8
1	0	0	0	9
1	0	0	1	10
1	0	1	0	11
1	0	1	1	12
1	1	0	0	13
1	1	0	1	14
1	1	1	0	15
1	1	1	1	16

5.典型应用电路

滤波器参数控制端输入的高低电平可以直接由电源电压和地提供,也可以通过数字器件进行程序控制,如单片机、DSP、FPGA 等。为了降低数字器件的数字噪声对滤波器的影响,应在滤波器的数字控制端和数字器件加电气隔离芯片,如数字光耦、磁隔离芯片等,如图 8.17 所示。

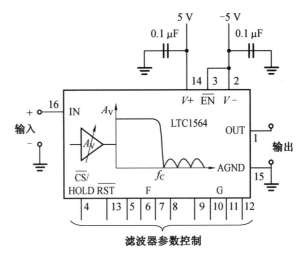

图 8.17 双电源供电典型应用电路

8.2　开关电容滤波器

8.2.1　开关电容滤波原理

开关电容滤波器是市场上供应种类、型号较多的一种,尤其是低通开关电容滤波器型号最多。我们说过开关电容滤波器在使用方面的最大优点是无须更换元件,仅通过改变时钟频率就可在一定范围内改变滤波器的频率参数,这给滤波器的设计、使用带来很大方便,但是它具有开关噪声和时钟噪声,应用时应特别注意。本节先介绍开关电容滤波的原理。

所谓开关电容电路,是指由开关及其所控制的电容充放电过程构成的电路;主要由开关电容电路构成的器件称为开关电容器件,其中主要的一种器件就是开关电容滤波器。

在集成电路中,开关是由集成 MOS 器件构成的开关,而电容则是由 MOS 型场效应器件的结电容提供,所以非常容易实现集成化。

图 8.18 表示基本的开关电容器件,图(a)为串联形式而图(b)为并联形式。ϕ_1,ϕ_2 为开关,之所以用字符 ϕ 表示开关,是因为该两个开关是在两个时钟 ϕ_1,ϕ_2 控制下开启、闭合的(图 8.19(c))。这里用了分相时钟信号的惯用符号。

假设 $Q_{C_R}(0)=0$,表示电容 C_R 初始电荷累积为零,令 $V_O(0)=0$,工作从 ϕ_1 断、ϕ_2 通状态启动,经采样间隔 T 后,$v_o(T)=V_O$。$v_i=V_I$ 是恒压的,则有

$$\Delta Q(T)=(V_O-V_I)C_R \tag{8.14}$$

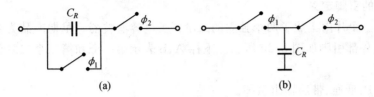

图 8.18　开关电容电路

电荷经 C_R 传送,或者说由 C_R 提供,这期间对 C_R 的充电电流是人们再熟悉不过的。

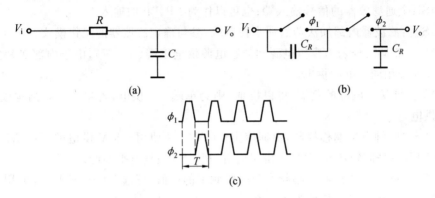

图 8.19　RC 电路及其开关电容等效电路

$i(t)=I_0\mathrm{e}^{-\alpha t}$,但这里更注重输出电流的平均值为

$$I_\mathrm{m}=\frac{(V_\mathrm{o}-V)C_R}{T} \tag{8.15}$$

如果把 C_R 看成一个等效电阻,则它是图 8.19(b)所示的电路持续运行时间 T 的等效效应。充电过程是在 ϕ_1 的零时刻开始进行的,而阻值是一个平均结果。

再看并联情况。初始状态同前,仍从 ϕ_1 通、ϕ_2 断开始运行,显然只有在第二个采样周期内,即 ϕ_1 断,ϕ_2 通时,输出端才能获得上述电流,因此有一个 T 时间长度的延迟,但等效关系仍成立。于是不管是串联还是并联,我们用 ϕ_1、ϕ_2、C_R 获得了一个等效电阻。

$$R=\frac{T}{C_R} \tag{8.16}$$

ϕ_1、ϕ_2、C_R 等效一个电阻,因此含有 R 的滤波器电路可以用开关电容网络实现,便可以实现另一种滤波器方式,这就是开关电容滤波器的基本思想。

8.2.2　MF10 集成滤波器

MF10 是 National Semiconductor(美国国家半导体)公司 2001 年研发的集成滤波器产品,内部共计四阶,即 2 个独立的二阶节,中心频率最高为 30 kHz,它是一种通用型的开关电容滤波器,它与 MAXIM 公司研发的 MF10(1996 年)功能和技术指标相同,可以进行原位替换。Linear 公司在 1996 年也研制了类似使用方式的滤波器 LTC1068 系列产品,内部包含 4 个独立的二阶节,共计八阶,低通、高通滤波器的中心频率可以达到 200 kHz,带通和带阻滤波器的中心频率最高可达 140 kHz,其系列型号为 LTC1068－200、LTC1068－50、LTC1068－25。

1.MF10 的引脚定义

MF10 在一个片内集成了两个独立的二阶开关电容滤波器。早期产品为双列直插窄 DIP 封装。其外部引脚如图 8.20 所示。下标 A、B 表示第一个和第二个二阶节的各自相应引脚。

(1)LP,BP:低通、带通输出引脚。

(2)N/AP/HP:可选择为 Notch、全通、高通。

(3)INV:信号输入端。

(4)SI:全通滤波器的信号输入端;也可以作为 LP、BP 的输入端。

(5)$S_{A/B}$:滤波器内部加法器的一个控制端,参与确定滤波器的工作模式。

(6)V_A^+ 和 V_D^+:分别为模拟电源和数字电源供电正端(+5 V),由于内部底片上相联所以必须保证用同一电源供电。

(7)V_A^- 和 V_D^-:电源的负端,可以接地,则为单端+5 供电,若接−5 V 则构成±5 V 双极性供电。

(8)LSh:时钟电平偏移控制,根据使用+5 V 还是使用±5 V 供电的不同情况,以及是使用 TTL 电平时钟还是 CMOS 电平时钟,用 LSh 调整电平匹配。

(9)50/100/CL:滤波器中心频率与时钟频率的比值,可选 1∶50 或 1∶100,用此引脚选择,接高电平为 1∶50,接地为 1∶100。

(10)CLK:时钟输入,允许 TTL 电平或 CMOS 电平。

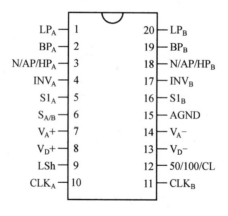

图 8.20　MF10 引脚图

MF10 设置了 LP、BP、N/AP/HP 以及 $S_{A/B}$、SI 可以通过不同的连接方式获得不同种类的滤波器。手册中列出了 9 种工作模式,图 8.21(a)和(b)为其中的两种工作模式,其中图 8.21(a)用于低通和带通模式,而图 8.21(b)可用于低通、带通和 $f_{Notch} < f_0$ 的带阻模式。

2.外接元件与滤波器参的关系

元件值由下列诸式确定。

(1)对于模式 a,有

$$f_0 = \frac{f_{CLK}}{100} \text{ 或 } \frac{f_{CLK}}{50}$$

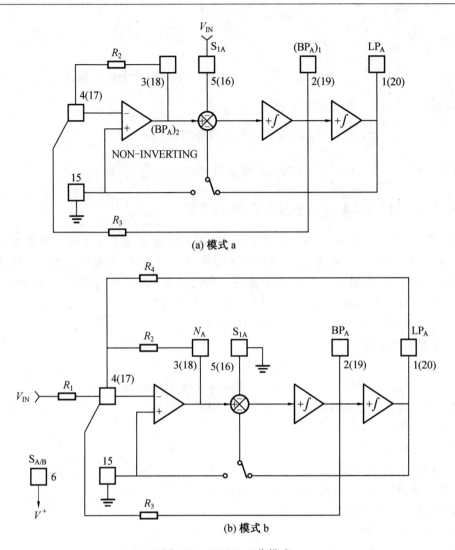

(a) 模式 a

(b) 模式 b

图 8.21　FM10 工作模式

式中，f_0 为带通滤波器的中心频率。

$Q = \dfrac{R_3}{R_2}$：注意，带通滤波器存在 Q 值，但规定 Q 值在 BP 端测量；

$H_{OLP} = 1$：低通滤波器在 $f=0$ 处的增益；

$H_{OBP1} = -\dfrac{R_3}{R_2}$：带通增益，反相；

$H_{OBP2} = 1$：带通增益，同相。

(2) 对于模式 b，有：

$f_0 = \dfrac{f_{CLK}}{100} \cdot \sqrt{\dfrac{R_2}{R_4}+1}$ 或 $\dfrac{f_{CLK}}{50} \cdot \sqrt{\dfrac{R_2}{R_4}+1}$：带通中心频率；

$f_{Notch} = \dfrac{f_{CLK}}{100}$ 或 $\dfrac{f_{CLK}}{50}$：Notch 滤波中心频率；

$$Q = \sqrt{\frac{R_2/R_4 + 1}{R_2/R_3}} \; ;$$

$H_{\mathrm{OLP}} = -\dfrac{R_2/R_1}{R_2/R_4 + 1}$：低通滤波器在 $f=0$ 处的增益，负号表示反相；

$H_{\mathrm{OBP}} = -R_3/R_1$：带通增益，反相；

$H_{\mathrm{ON1}} = -\dfrac{R_2/R_1}{R_2/R_4 + 1}$：$f \to 0$ 时的 Notch 滤波器增益；

$H_{\mathrm{ON2}} = -R_2/R_1$：$f \to \dfrac{f_{\mathrm{CLK}}}{2}$ 时 Notch 滤波器增益。

8.2.3　MAX264 通用型开关电容滤波器

MAX264 是 MAXIM 公司 2007 年的产品，该芯片内集成了设计滤波器所需的电阻电容，在应用中几乎不用外接器件，使用非常简单，其中心频率、品质因数及工作模式都可以通过对引脚编程控制，它可以工作于低通、高通、带通、带陷、全通模式，时钟输入（外接时钟信号或晶振）和 5bit 编码控制可以精确地设置中心频率及 Q 值（0.5～64）。通过减小 $f_{\mathrm{clk}}/f_\mathrm{o}$ 比值，可使其通带截止频率达 140 kHz。

1. 主要技术指标

(1)阶数：四阶，由两个独立二阶节构成。

(2)可实现滤波器特性：Butterworth、Chebyshev、Bessel 及其他。

(3)可实现适应滤波器种类：LPF、LPF 、BPF、BS、AH。

(4)中心频率：75 kHz。

(5)中心频率精度：1%。

(6)供电电压：+5 V 或 ±5 V。

(7)功耗：MAX274 约为 20 mA(±5 V)。

2. 引脚图和内部结构

MAX264 的引脚图如图 8.22 所示。其中：

(1)V+(10)：供电正极，并接旁路电容尽量靠近该脚。

(2)V−(18)：供电负极，并接旁路电容尽量靠近该脚。

(3)GND(19)：模拟地。

(4)$\mathrm{CLK_A}$(13)：A 单元时钟输入，该时钟在芯片内部被二分频。

(5)$\mathrm{CLK_B}$(14)：B 单元时钟输入，该时钟在芯片内部被二分频。

(6)OSC OUT(20)：连至晶体，组成晶振电路（若接时钟信号时，该脚不连）。

(7)$\mathrm{IN_A}$, $\mathrm{IN_B}$(5,1)：滤波器输入。

(8)$\mathrm{BP_A}$, $\mathrm{BP_B}$(3,27)：带通输出。

(9)$\mathrm{LP_A}$, $\mathrm{LP_B}$(2,28)：低通输出。

(10)$\mathrm{HP_A}$, $\mathrm{HP_B}$(4,26)：高通、带陷、全通输出。

(11)M0,M1(8,7)：模式选择，+5 V 高，−5 V 低。

(12)F0～F4(24,17,23,12,11)：时钟与中心频率比值（F_{CLK}/f_0）编程端。

(13)Q0～Q6(15,16,21,22,25,6,9)：Q 编程端。

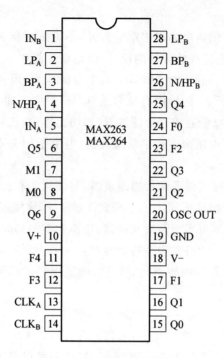

图 8.22　MAX264 引脚图

3. 内部结构图

MAX264 内部有两个独立二阶滤波单元电路结构,如图 8.23 所示,它主要由两个独立的滤波单元、分频单元、f_0 逻辑单元、Q 逻辑单元、模式设置单元等电路组成。

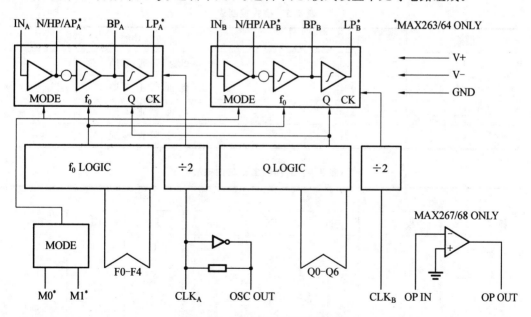

图 8.23　MAX264 内部功能框图

4. 滤波器参数设置

设计滤波器时,除了供电电源加去耦电容外,不需要任何额外加元器件,仅通过频率编码和品质因数编码就能完成滤波器的设计,电路设计简单。

芯片工作有 4 种模式,利用对 M0、M1 两个引脚编程,可使芯片工作于模式 1、2、3、4,对应的功能如表 8.5 所示,时钟中心频率比与编码对应表如表 8.6 所示。

模式 1:当实现全极点低通或带通滤波器(如切比雪夫、巴特沃斯滤波器)时这种模式是很有用的,有时该模式也用来实现带陷滤波器,但由于相关零极点位置固定,使得用作带陷时受到限制。

模式 2:用于实现全极点低通和带通滤波器,与模式 1 相比该模式的优点是提高了 Q 值而降低了输出噪声,该模式下 $f_{\text{clk}}/f_\text{o}$ 是模式 1 的 1/2,这样就延宽了截止频率。

模式 3:只有该模式下可实现高通滤波器,该模式下最高时钟频率低于模式 1。

模式 4:只有该模式下才可实现全通滤波器。

在设计中,首先根据所需的频率响应特性,确定出品质因数(Q)及截止频率,由 Q 值进而确定出 N 值。

$$Q=64/(128-N)(模式 1、3、4)$$
$$Q=90.51/(128-N)(模式 2)$$

也可以由 Q 值查表 8.7 得出 N。得到 N 后,进而可以求出 $f_{\text{clk}}/f_\text{o}$ 值。

$$f_{\text{clk}}/f_\text{o}=\pi(N+13)(模式 1、3、4)$$
$$f_{\text{clk}}/f_\text{o}=\pi(N+13)\sqrt{2}(模式 2)$$

因为时钟频率 f_{clk} 是已知的,所以可求出 f_o。

表 8.5　模式控制表

模式	M1、M0	滤波器功能
1	0,0	低通、带通、带陷
2	0,1	低通、带通、带陷
3	1,0	低通、带通、高通
4	1,1	低通、带通、全通

表 8.6　时钟频率比与编码表

$f_{\text{CLK}}/f_\text{o}$		编码					
模式 1、3、4	模式 2	N	F4	F3	F2	F1	F0
40.84	28.88	0	0	0	0	0	0
43.98	31.10	1	0	0	0	0	1
47.12	33.32	2	0	0	0	1	0
50.27	35.54	3	0	0	0	1	1
53.41	37.76	4	0	0	1	0	0

续表8.6

f_{CLK}/f_o		编码					
模式 1、3、4	模式 2	N	F4	F3	F2	F1	F0
56.55	39.99	5	0	0	1	0	1
59.69	42.21	6	0	0	1	1	0
62.83	44.43	7	0	0	1	1	1
65.97	46.65	8	0	1	0	0	0
69.12	48.87	9	0	1	0	0	1
72.26	51.10	10	0	1	0	1	0
75.40	53.31	11	0	1	0	1	1
78.53	55.54	12	0	1	1	0	0
81.68	57.76	13	0	1	1	0	1
84.82	59.96	14	0	1	1	1	0
87.96	62.20	15	0	1	1	1	1
91.11	64.42	16	1	0	0	0	0
94.25	66.64	17	1	0	0	0	1
97.39	68.86	18	1	0	0	1	0
100.53	71.09	19	1	0	0	1	1
102.67	73.31	20	1	0	1	0	0
106.81	75.53	21	1	0	1	0	1
109.96	77.75	22	1	0	1	1	0
113.10	79.97	23	1	0	1	1	1
116.24	82.19	24	1	1	0	0	0
119.38	84.81	25	1	1	0	0	1
122.52	86.64	26	1	1	0	1	0
125.66	88.86	27	1	1	0	1	1
128.81	91.08	28	1	1	1	0	0
131.95	93.30	29	1	1	1	0	1
135.09	95.52	30	1	1	1	1	0
138.23	97.74	31	1	1	1	1	1

表 8.7　品质因数 Q 编码表

品质因数 Q		编码							
模式 1、3、4	模式 2	N	Q6	Q5	Q4	Q3	Q2	Q1	Q0
Note4	Note4	0	0	0	0	0	0	0	0
0.504	0.713	1	0	0	0	0	0	0	1
0.508	0.718	2	0	0	0	0	0	1	0
0.512	0.724	3	0	0	0	0	0	1	1
0.516	0.730	4	0	0	0	0	1	0	0
0.520	0.736	5	0	0	0	0	1	0	1
0.525	0.742	6	0	0	0	0	1	1	0
0.529	0.748	7	0	0	0	0	1	1	1
0.533	0.754	8	0	0	0	1	0	0	0
0.538	0.761	9	0	0	0	1	0	0	1
0.542	0.767	10	0	0	0	1	0	1	0
0.547	0.774	11	0	0	0	1	0	1	1
0.552	0.780	12	0	0	0	1	1	0	0
0.556	0.787	13	0	0	0	1	1	0	1
0.561	0.794	14	0	0	0	1	1	1	0
0.566	0.801	15	0	0	0	1		1	1
0.571	0.808	16	0	0	1	0	0	0	0
0.577	0.815	17	0	0	1	0	0	0	1
0.582	0.823	18	0	0	1	0	0	1	0
0.587	0.830	19	0	0	1	0	0	1	1
0.593	0.838	20	0	0	1	0	1	0	0
0.598	0.846	21	0	0	1	0	1	0	1
0.604	0.854	22	0	0	1	0	1	1	0
0.609	0.862	23	0	0	1	0	1	1	1
0.615	0.870	24	0	0	1	1	0	0	0
0.621	0.879	25	0	0	1	1	0	0	1
0.627	0.887	26	0	0	1	1	0	1	0
0.634	0.896	27	0	0	1	1	0	1	1
0.640	0.905	28	0	0	1	1	1	0	0
6.646	9.914	29	0	0	1	1	1	0	1

续表8.7

品质因数 Q		编码							
模式 1、3、4	模式 2	N	Q6	Q5	Q4	Q3	Q2	Q1	Q0
0.653	0.924	30	0	0	1	1	1	1	0
0.660	0.933	31	0	0	1	1	1	1	1
0.667	0.943	32	0	1	0	0	0	0	0
0.674	0.953	33	0	1	0	0	0	0	1
0.681	0.963	34	0	1	0	0	0	1	0
0.688	0.973	35	0	1	0	0	0	1	1
0.696	0.984	36	0	1	0	0	1	0	0
0.703	0.995	37	0	1	0	0	1	0	1
0.711	1.01	38	0	1	0	0	1	1	0
0.719	1.02	39	0	1	0	0	1	1	1
0.727	1.03	40	0	1	0	1	0	0	0
0.736	1.04	41	0	1	0	1	0	0	1
0.744	1.05	42	0	1	0	1	0	1	0
0.753	1.06	43	0	1	0	1	0	1	1
0.762	1.08	44	0	1	0	1	1	0	0
0.771	1.09	45	0	1	0	1	1	0	1
0.780	1.10	46	0	1	0	1	1	1	0
0.790	1.12	47	0	1	0	1	1	1	1
0.800	1.13	48	0	1	1	0	0	0	0
0.810	1.15	49	0	1	1	0	0	0	1
0.821	1.16	50	0	1	1	0	0	1	0
0.831	1.18	51	0	1	1	0	0	1	1
0.842	1.19	52	0	1	1	0	1	0	0
0.853	1.21	53	0	1	1	0	1	0	1
0.865	1.22	54	0	1	1	0	1	1	0
0.877	1.24	55	0	1	1	0	1	1	1
0.889	1.26	56	0	1	1	1	0	0	0
0.901	1.27	57	0	1	1	1	0	0	1
0.914	1.29	58	0	1	1	1	0	1	0

续表8.7

品质因数 Q		编码							
模式 1、3、4	模式 2	N	Q6	Q5	Q4	Q3	Q2	Q1	Q0
0.928	1.31	59	0	1	1	1	0	1	1
0.941	1.33	60	0	1	1	1	1	0	0
0.955	1.35	61	0	1	1	1	1	0	1
0.969	1.37	62	0	1	1	1	1	1	0
0.985	1.39	63	0	1	1	1	1	1	1
1.00	1.41	64	1	0	0	0	0	0	0
1.02	1.44	65	1	0	0	0	0	0	1
1.03	1.46	66	1	0	0	0	0	1	0
1.05	1.48	67	1	0	0	0	0	1	1
1.07	1.51	68	1	0	0	0	1	0	0
1.08	1.53	69	1	0	0	0	1	0	1
1.10	1.56	70	1	0	0	0	1	1	0
1.12	1.59	71	1	0	0	0	1	1	1
1.14	1.62	72	1	0	0	1	0	0	0
1.16	1.65	73	1	0	0	1	0	0	1
1.19	1.68	74	1	0	0	1	0	1	0
1.21	1.71	75	1	0	0	1	0	1	1
1.23	1.74	76	1	0	0	1	1	0	0
1.25	1.77	77	1	0	0	1	1	0	1
1.28	1.81	78	1	0	0	1	1	1	0
1.31	1.85	79	1	0	0	1	1	1	1
1.33	1.89	80	1	0	1	0	0	0	0
1.36	1.93	81	1	0	1	0	0	0	1
1.39	1.97	82	1	0	1	0	0	1	0
1.42	2.01	83	1	0	1	0	0	1	1
1.45	2.06	84	1	0	1	0	1	0	0
1.49	2.10	85	1	0	1	0	1	0	1
1.52	2.16	86	1	0	1	0	1	1	0
1.56	2.21	87	1	0	1	0	1	1	1

续表8.7

品质因数 Q		编码							
模式 1、3、4	模式 2	N	Q6	Q5	Q4	Q3	Q2	Q1	Q0
1.60	2.26	88	1	0	1	1	0	0	0
1.64	2.32	89	1	0	1	1	0	0	1
1.68	2.40	90	1	0	1	1	0	1	0
1.73	2.45	91	1	0	1	1	0	1	1
1.78	2.51	92	1	0	1	1	1	0	0
1.83	2.59	93	1	0	1	1	1	0	1
1.88	2.66	94	1	0	1	1	1	1	0
1.94	2.74	95	1	0	1	1	1	1	1

5. 供电

MAX264 供电,双电源供电时在芯片的正负电源引脚连接正负电源,为了降低滤波器输出噪声,在芯片电源引脚的最近处连接 0.1 μF 的陶瓷滤波电容,如图 8.24 所示。

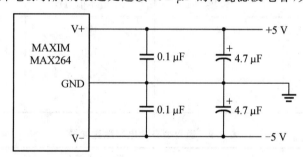

图 8.24　正负供电原理图

单电源工作时,滤波器供电如图 8.25 所示,如果直接将负电源接地很容易造成滤波器的损坏,如图 8.26 所示。

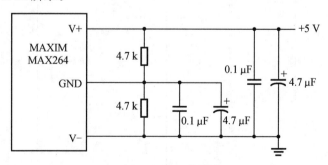

图 8.25　单电源供电原理图

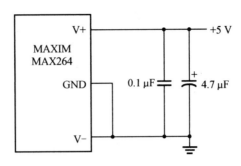

图 8.26 不正确的单电源供电原理图

8.3 主要集成滤波器型号

集成滤波器产品主要集中在 MAXIM 公司和 Linear 公司,目前两家公司已被亚德诺半导体公司合并,以下简称 AD 公司,现将连续时间型滤波器和开关电容滤波器主要型号列表如表 8.8~8.11 所示。

表 8.8 通用型连续时间型滤波器

产品型号	阶数	F_o 最小值/Hz	F_o 最大值/Hz
MAX274	2	100	150 k
MAX275	2	100	300 k
LTC1562－2	8	20 k	300 k
LTC1562	8	10 k	150 k

表 8.9 通用型开关电容型滤波器

产品型号	阶数	F_o 最小值/Hz	F_o 最大值/Hz
MAX7490	2	1	40 k
MAX7491	2	1	40 k
MAX263	2	0.4	57 k
MAX264	2	1	140 k
LTC1067	4	1	20 k
LTC1067－50	4	1	40 k
LTC1068	8	1	50 k
LTC1068－200	8	0.5	25 k
LTC1068－25	8	4	200 k
LTC1068－50	8	2	50 k
LTC1264	8	100	250 k

续表8.9

产品型号	阶数	F_o最小值/Hz	F_o最大值/Hz
LTC1164	8	0.1	20 k
MAX260	2	0.01	7.5 k
MAX261	2	0.4	57 k
MAX262	2	1	140 k
LTC1064	8	100	140 k
LTC1061	6	0.1	35 k
LTC1059	2	0.1	40 k
LTC1060	4	10	20 k

表 8.10　单一型连续时间型低通滤波器

产品型号	阶数	滤波器特性	F_o最小值/Hz	F_o最大值/Hz
LTC1564	8	Eliptic	10 k	150 k
LTC1566－1	7	Elliptic	—	2.3 M
LTC1563	4	Butterworth Bessel	256	256 k
LTC1565－31	7	Linear Phase	—	650 k
MAX270	2	Chebychev	1 k	25 k
MAX271	2	Chebychev	1 k	25 k
LTC1069－6	8	Elliptic	1 k	20 k
LTC1560－1	5	Elliptic	500 k	1 M

表 8.11　单一型开关电容型滤波器

产品型号	阶数	滤波器特性	F_o最小值/Hz	F_o最大值/Hz
MAX7418	5	Elliptic	1	30 k
MAX7419	5	Bessel	1	30 k
MAX7420	5	Butterworth	1	30 k
MAX7421	5	Elliptic	1	30 k
MAX7422	5	Elliptic	1	45 k
MAX7423	5	Bessel	1	45 k
MAX7424	5	Butterworth	1	45 k
MAX7425	5	Elliptic	1	45 k
LTC1565－31	7	Linear Phase	1	650 k

续表8.11

产品型号	阶数	滤波器特性	F_o最小值/Hz	F_o最大值/Hz
MAX7426	5	Elliptic	1	9 k
MAX7427	5	Elliptic	1	12 k
LTC1569－6	10	Elliptic	1 k	64 k
LTC1569－7	10	Elliptic	2 k	320 k
MAX280	5	Butterworth	0	20 k
MAX291	8	Butterworth	0.1	25 k
MAX292	8	Bessel	0.1	25 k
MAX295	8	Butterworth	0.1	50 k
MAX296	8	Bessel	0.1	50 k
MAX7404	8	Elliptic	1	10 k
MAX7405	8	Bessel	1	5 k
MAX7407	8	Elliptic	1	10 k
MAX7480	8	Butterworth	1	2 k
MAX7401	8	Bessel	1	5 k
MAX7403	8	Elliptic	1	10 k
MAX7408	5	Elliptic	1	15 k
MAX7409	5	Bessel	1	15 k
MAX7412	5	Elliptic	1	15 k
MAX7413	5	Bessel	1	15 k
MAX7400	8	Elliptic	1	10 k
MAX7410	5	Butterworth	1	15 k
MAX7411	5	Elliptic	1	15 k
MAX7414	5	Butterworth	1	15 k
MAX7415	5	Elliptic	1	15 k
LTC1069－6	8	Elliptic	1 k	20 k
LTC1069－1	8	Elliptic	1 k	12 k
LTC1069－7	8	Bessel，Linear Phase	1 k	200 k
LTC1066－1	8	Elliptic	10	120 k
LTC1065	5	Bessel，Linear Phase	0.3	50 k
LTC1164－6	8	Elliptic	200	30 k

续表8.11

产品型号	阶数	滤波器特性	F_o最小值/Hz	F_o最大值/Hz
LTC1063	5	Butterworth	0.3	50 k
LTC1164－5	8	Butterworth	200	20 k
LTC1164－7	8	Bessel，Linear Phase	200	20 k
LTC1264－7	8	Bessel，Linear Phase	400	200 k
MAX293	8	Elliptic	0.1	25 k
MAX294	8	Elliptic	0.1	25 k
MAX297	8	Elliptic	0.1	50 k
LTC1064－7	8	Bessel，Linear Phase	200	100 k
MAX281	5	Bessel	0	20 k
LTC1064－3	8	Bessel	1 k	95 k
LTC1064－4	8	Elliptic	1 k	100 k
LTC1064－4MJ	8	Elliptic	20	100 k
LTC1064－1	8	Elliptic	0.1	50 k
LTC1064－2	8	Butterworth	1 k	140 k
LTC1062	5	Butterworth	0.1	20 k

第9章　常用模拟滤波器设计软件

滤波器在现代电子学领域的地位非常重要,但其设计工作具有冗长乏味,耗时较多,容易出错,效率低等缺点,而利用计算机辅助对滤波器进行设计,效率会大大提高,同时对滤波器特性曲线可以快速、实时地进行直观查看。这些软件使用简单,界面友好,只需输入所要设计滤波器的技术参数,就可以将滤波器电路的电路形式、元器件参数、运算放大器选取条件、特性曲线等提供给用户。现有比较常用的模拟滤波器软件包含两种类型:一种是集成滤波器设计软件,如 MAXIM 公司的 MAX74 设计软件是为该公司的两种集成滤波器 MAX274/275 而设计的。Liner 公司的 Filter CAD 设计软件是为该公司的多种集成滤波器而设计的,包括连续时间型滤波器和开关电容滤波器,如常用的 LTC1562 等。另外一种是利用电感、电容、电阻的无源滤波器设计或利用运算放大器、电阻、电容的有源滤波器设计软件,如 Filter Wiz Pro V3.2、Filter Solutions、FilterLab 等滤波器设计软件,本章主要介绍 Filter CAD、Filter Wiz Pro、Filter Pro、Matlab、Multisim。

9.1　Filter CAD

Filter CAD 滤波器设计软件用于 Liner 公司(现在合并至美国亚德诺半导体公司)旗下的绝大部分集成滤波器设计,可以帮助用户设计多种响应的有源滤波器,包括低通、高通、带通、带阻和全通滤波器,滤波器响应包括巴特沃斯、切比雪夫、贝塞尔、高斯和线性相移等。可以通过该软件的设计向导轻松地创建和修改滤波器设计,得到电路设计参数、响应曲线、元件灵敏度分析,另外,用户还可以调整元件的误差来观察响应的变化,还可以查看和导出滤波器的性能数据等。

9.1.1　安装 Filter CAD

计算机要求:

(1)1 GHz 或更快处理器—2 GB 或更大内存。

(2)至少 250 MB 的空闲硬盘空间。

(3)最小为 1 024×768 的显示分辨率。

(4)微软 Windows XP sp3 系统。

程序启动后,出现滤波器设计向导,如图 9.1 所示。

在设计向导的界面中有两种滤波器设计途径:一是 Quick Design,属于快速设计;二是 Enbanced Design,属于增强设计。这两种都能完成低通、高通、带通、带阻滤波器设计。

9.1.2　Quick Design 设计

快速设计是一个循序渐进的过程,FilterCAD 根据输入滤波器参数创建设计和原理

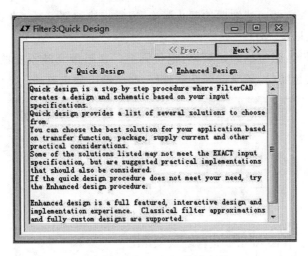

图 9.1　Filter CAD 设计向导

图。快速设计提供了几个可供选择的解决方案的列表。可以根据传递函数、封装、供电电流和其他实际考虑因素,为您的应用选择最佳解决方案,列出的一些解决方案可能不符合 EXACT 输入规范,但建议也应考虑实际。

第一步:滤波器类型选择。

选择 Quick Design,用鼠标点击 Next,进入滤波器类型选择界面,包括 Lowpass(低通)、Highpass(高通)、Bandpass(带通)、Notch(带阻),如图 9.2 所示。也可以点击"Prev(后退)"或"Next(前进)"按钮,回到上一级。

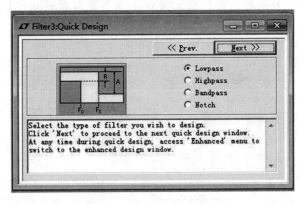

图 9.2　滤波器类型选择

第二步:确定滤波器参数。

用鼠标点击 Next,进入滤波器参数确认界面,不同类型的滤波器确认参数不同。

(1)低通滤波器参数。

进入低通滤波器设计时,需要确定的参数如图 9.3 所示,其中参数:

①Stopband Atten:阻带衰减,单位 dB,是阻带起始频率处所对应的最小衰减量,在阻带起始频率不变的情况下,阻带衰减越大,滤波器的过渡带就会越陡峭,频率选择性也就越好,但是所需要的滤波器阶数就越高,电路规模和成本相应增加。

②Passband(Fc):低通滤波器的截止频率,通常指滤波器衰减－3 dB 所对应的频率,单位可以选择 Hz、kHz、MHz。

③Stopband(Fs):阻带的起始频率,单位同上。在阻带衰减不变的情况下,Fs 越小,滤波器的过渡带就越陡峭,频率选择性就越好,滤波器阶数也越高。

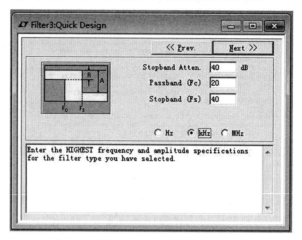

图 9.3　低通滤波器参数

(2)高通滤波器参数。

进入高通滤波器设计时,需要确定的参数如图 9.4 所示,其中参数:

①Stopband Atten:阻带衰减,单位 dB,同低通。

②Passband(Fc):高通滤波器的截止频率,通常指滤波器衰减－3 dB 所对应的频率,单位可以选择 Hz、kHz、MHz。

③Stopband(Fs):阻带的起始频率,单位同上。

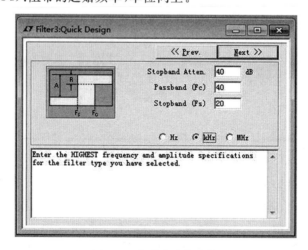

图 9.4　高通滤波器参数

(3)带通滤波器参数。

进入带通滤波器设计时,需要确定的参数如图 9.5 所示,其中参数:

①Stopband Atten:阻带衰减,单位 dB,同低通。

②Center(Fc)：带通滤波器的中心频率，指的是带通滤波器上限频率和下限频率的几何平均值，这点一定注意，它不是算数平均值，只有当带通滤波器品质因数大于 5 时，中心频率可以近似为算数平均值，单位可以选择 Hz、kHz、MHz。

③Passband(PB)：带通滤波器的带宽，单位同上，为上限频率与下限频率的差。

④Stopband(SB)：阻带的带宽，单位同上。

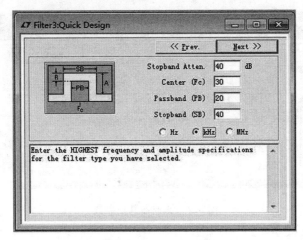

图 9.5　带通滤波器参数

(4)带阻滤波器参数。

进入带阻滤波器设计时，需要确定的参数如图 9.6 所示，其中参数：

①Stopband Atten：阻带衰减，单位 dB，同低通。

②Center(Fc)：带阻滤波器的中心频率，同带通。

③Passband(PB)：带阻滤波器的带宽，单位同上，为上限频率与下限频率的差。

④Stopband(SB)：阻带的带宽，单位同上。

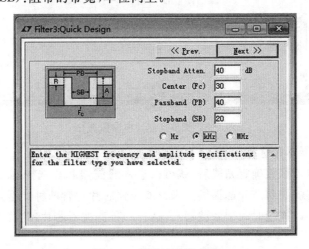

图 9.6　带阻滤波器参数

第三步：滤波器其他要求。

(1)线性相位和直流精度。

　　滤波器设计时,要求滤波器是线性相位或对滤波器直流精度有要求时,可以通过图9.7进行选择,当选择 Linear Phase 时,给出的集成滤波器芯片都是具有良好的线性相位滤波器芯片。当选择 DC Accurate 时,给出的集成滤波器芯片都是具有直流精度好的滤波器芯片。如果两者都不选择,软件将不考虑这两个参数,将所有符合设计要求的滤波器芯片提供给设计者。

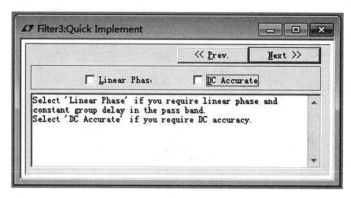

图 9.7　滤波器其他参数

(2)供电电压和低功耗。

　　滤波器可以选择供电电压,如±5 V、+5 V、+3.3 V;对滤波器芯片的功耗也可进行限制,若选择 Low Power,则表示设计的滤波器电路中所使用的芯片为低功耗芯片,如图9.8 所示。

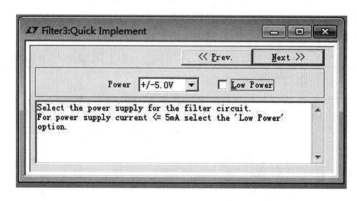

图 9.8　滤波器芯片电参数选择

　　第四步:滤波器芯片选择。

　　当所有的滤波器参数确定完成后,就可以进入滤波器芯片选择,如图 9.9 所示,软件将符合要求的所有滤波器芯片都提供出来。滤波器芯片包含两种类型:Switched(开关电容滤波器)和 Active(连续时间型滤波器)。选择一种滤波器芯片,此时显示出滤波器的幅频特性曲线。

　　第五步:滤波器封装选择。

　　滤波器芯片的封装可以通过图 9.10 进行选择,包括直插和贴片封装。

　　第六步:滤波器电路。

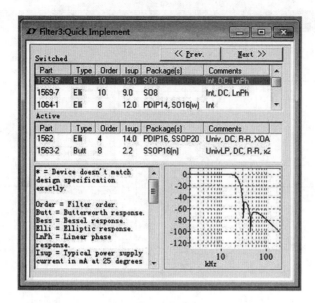

图 9.9　滤波器芯片选择

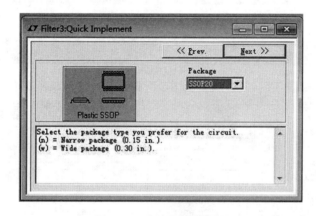

图 9.10　滤波器封装选择

这一步也是滤波器电路设计的最后一步,软件将提供电路原理图,如图 9.11 所示。

9.1.3　Enhanced Design 设计

如果快速设计过程不能满足需要,可以尝试增强设计过程。增强设计是一种全功能、交互式的设计和实现体验。支持经典的滤波器近似和完全自定义的设计。选择 Enhanced Design 后,进入滤波器设计向导,如图 9.12 所示。

在设计向导界面中,有 6 个区域,分别是 Filter Type(滤波器类型)、Amplitudes(幅度,这里指的是滤波器幅频特性)、Frequencies(频率)、Response(滤波器响应类型)、Order(滤波器阶数)、Coefficients(单阶或每个二阶节滤波器的中心频率和品质因数值)。滤波器设计步骤如下:

第一步:滤波器类型选择。

设计向导提供的滤波器类型有低通、高通、带通、带阻。选择滤波器类型以后,便可以

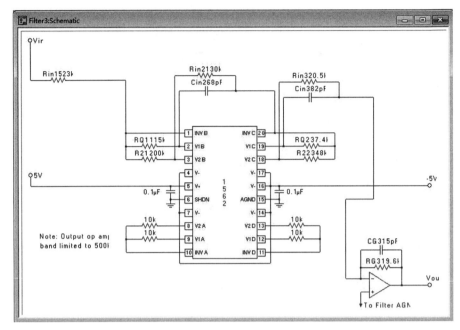

图 9.11　电路原理图

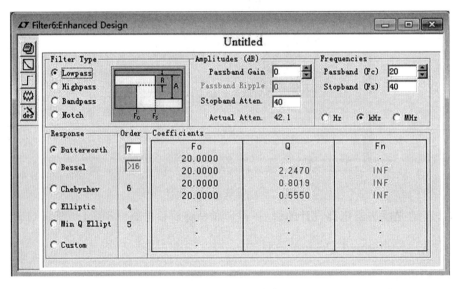

图 9.12　Enhanced 设计向导

进行滤波器的频率设置。

第二步:滤波器频率设置。

频率单位可以选择 Hz、kHz、MHz。

(1)低通和高通滤波器。

低通和高通滤波器的频率设置相同。

通带频率 Passband(Fc):输入滤波器幅度衰减-3 dB 所对应的频率。

阻带频率 Stopband(Fs):输入滤波器幅频特性要求阻带的起始频率。

(2)带通和带阻滤波器。

中心频率 Center(Fc)：带通或带阻滤波器的中心频率。

通带宽度 Passband(PB)：输入带通或带阻滤波器的带宽。

阻带宽度 Stopband(SB)：输入带通或带阻滤波器的带宽。

第三步：幅度特性设置。

幅度特性设置包括滤波器的增益、允许的通带纹波、阻带衰减，单位 dB。

Passband Gain：输入滤波器总的增益值。

Passband Ripple：输入允许的通带纹波，单位 dB。

注意：只有椭圆滤波器和切比雪夫滤波器需要输入这个参数，其他的不需要。各参数输入范围为 0～3 dB。

Stopband Atten(SB)：输入阻带衰减量，单位 dB。

第四步：滤波器响应选择。

在 Response 区域，可以选择所需要的滤波器的响应，包括巴特沃斯响应（Butterworth）、贝塞尔响应（Bessel）、切比雪夫响应（Chebyshev）、椭圆响应（Eilliptic）、最小品质因数的椭圆响应（Min Q Eillip）、自定义响应（Custom）。

滤波器类型、频率和幅度、响应设置完成后，则滤波器所需要的阶数就在 Order 区域显示出来，也可以对滤波器阶数进行修改，当阶数变化后，滤波器幅度衰减特性也随之变化。

在滤波器设计界面的左侧有一列工具栏，如图 9.13 所示。

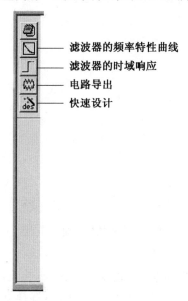

滤波器的频率特性曲线
滤波器的时域响应
电路导出
快速设计

图 9.13　工具栏

(1)滤波器的频率响应曲线。

滤波器的频率响应曲线包括幅频特性、相频特性、群时延曲线。鼠标点击该图标时，进入频率响应界面，如低通滤波器的频率响应曲线，如图 9.14～9.16 所示。对曲线可以进行颜色、坐标轴、缩放、曲线数据显示、保存曲线、设置模板以及在定制滤波器时需要显示中心频率和品质因数。

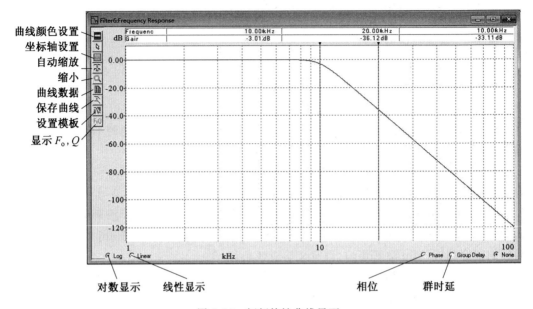

曲线颜色设置
坐标轴设置
自动缩放
缩小
曲线数据
保存曲线
设置模板
显示 F_o, Q

对数显示　　线性显示　　　　　相位　　群时延

图 9.14　幅频特性曲线界面

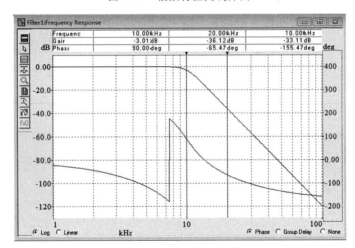

图 9.15　相频特性曲线

（2）滤波器的频率响应。

滤波器的频率响应包括阶跃响应、冲击响应、CW 脉冲响应曲线。鼠标点击该图标时，进入时域响应界面，如低通滤波器的时域响应曲线，选择 Show Input，可以同时显示输入的阶跃信号和输出的信号曲线，如图 9.17～9.19 所示，其中冲击响应曲线的输入信号由于脉冲宽度只有 200 ns，为了更好地观测冲击响应的输出曲线，时间轴不能放大，否则输出曲线将不能完整观测，实际输入信号在最左侧，可以通过放大功能按钮观测到输入信号。

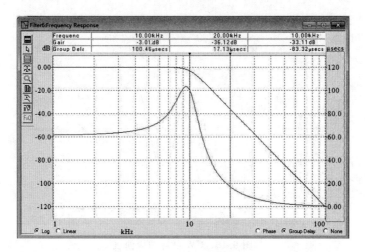

图 9.16　群时延曲线

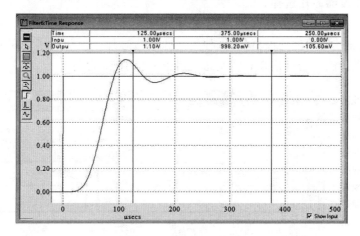

图 9.17　阶跃响应曲线

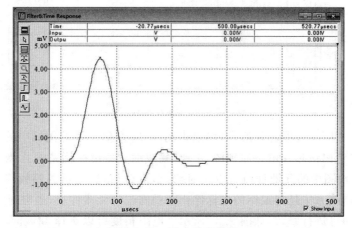

图 9.18　冲击响应曲线

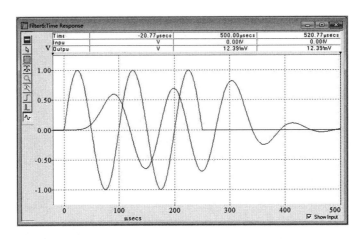

图 9.19　CW 脉冲响应曲线

第四步:滤波器芯片选择。

　　鼠标点击"电路导出"图标按钮,进入芯片选择界面,如图 9.20 所示。可以选择开关电容滤波器或连续时间型滤波器,每一种类型滤波器芯片下面包含了公司的绝大多数滤波器芯片,这里我们以选择连续时间型滤波器中 LTC1562 为例。

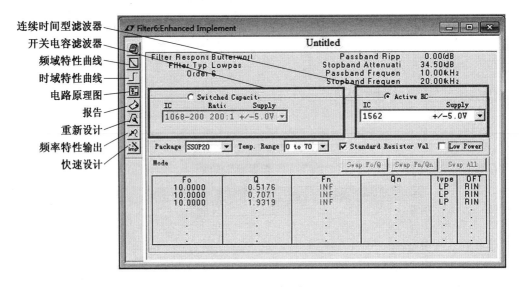

图 9.20　芯片选择

　　当选择了一种滤波器芯片后,可以点击图 9.20 左侧工具栏图标中的"电路原理图"按钮,则软件将给出该芯片电路原理图,至此,集成滤波器设计就完成了,如图 9.21 所示。

　　滤波器原理图中的元器件值可以实时修改,修改后,滤波器的幅频特性曲线也会随之动态修改。修改方法是将鼠标的光标停止在要修改的元器件上,当出现"Edit"字样时,点击鼠标左键即可进行修改,如图 9.22 所示。电阻精度可以选择 1%、5%、10%,当精度降低时,滤波器参数会受到影响,但具体影响多少,可以观测频率特性曲线。

　　集成滤波器中的电路单元都是以二阶节形式设计的。若想观测其中某个二阶节或滤

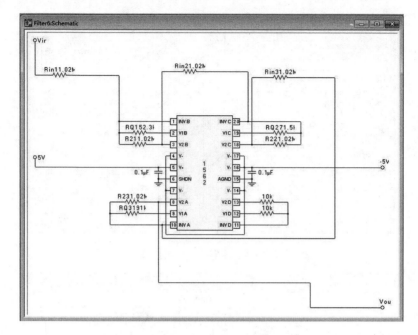

图 9.21　电路原理图输出

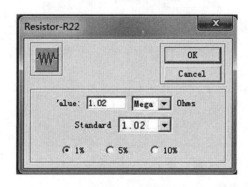

图 9.22　元器件值修改窗口

波器的总输出,可以通过点击图 9.20 左侧工具栏中图标中的"频率特性输出"按钮,如图 9.23所示。其中工具栏中 S1、S2、S3、OP 分别是滤波器 LTC1562 的第 1 个、第 2 个、第 3 个、第 4 个二阶节输出,输出包括时域特性和频域特性曲线。

9.1.4　滤波器设计示例

设计一个巴特沃斯低通滤波器,截止频率为 20 kHz,在频率 40 kHz 处至少衰减 45 dB,试用连续时间型滤波器芯片 LTC1562 实现,给出电路设计电路原理图。

(1)选择滤波器类型。

在软件启动界面中,点击低通滤波器图标。

(2)确定滤波器参数。

输入上面滤波器参数,不同滤波器类型的阶数自动计算出,如图 9.24 所示。可以看出,满足上述技术指标要求的巴特沃斯低通滤波器需要阶数为六阶。

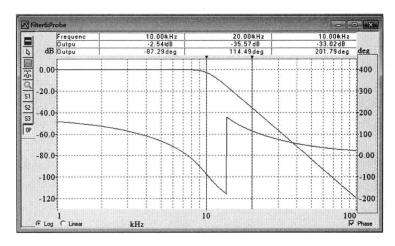

图 9.23　频率特性输出曲线

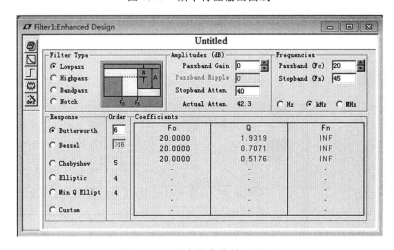

图 9.24　滤波器参数输入界面

（3）滤波器特性曲线观测。

点击左侧频率响应按钮，可以显示滤波器幅频特性、相频特性、群时延特性曲线，如图 9.25 和图 9.26 所示。

（4）滤波器电路选择。

在图 9.24 中，点击左侧导出按钮，进入电路选择界面，如图 9.27 所示。这里提供了开关电容集成滤波器和连续时间型滤波器，由于设计要求用 LTC1652，该芯片属于连续时间型滤波器，因此在连续时间型滤波器中找到 LTC1562。

（5）交互设计。

在图 9.27 中点击左侧原理图按钮，进入交互设计窗口，同时软件给出了电路元件值，如图 9.28 所示。到这里低通滤波器电路设计完成了，图中显示的元件值都是标称值。如果需要对某个元件值进行修改，可以将鼠标移至元件上面，点击鼠标左键即可进行元件值修改操作。

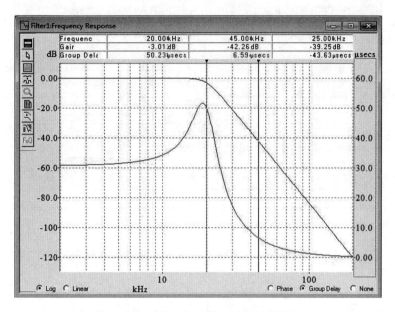

图 9.25　滤波器的幅频和相频特性曲线

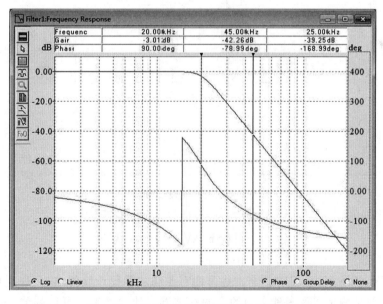

图 9.26　滤波器的幅频和群时延特性曲线

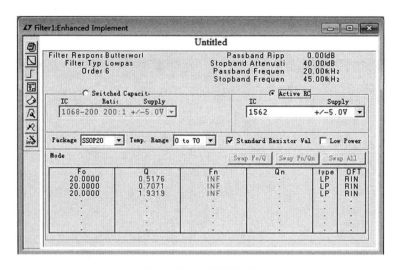

图 9.27　电路图选择

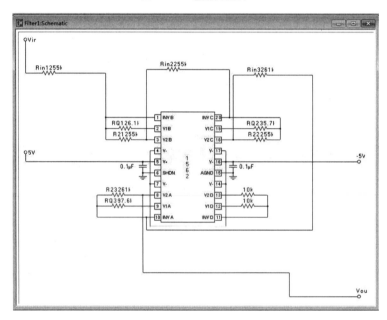

图 9.28　交互设计窗口

9.2　Filter Wiz Pro V3.2

　　Filter Wiz Pro V3.2 是一款非常优秀的有源滤波器设计软件，它允许用户采用多达 13 种电路拓扑结构来实现多种类型的有源滤波器。使用该工具可以创建、管理、打印设计文档等，设计过程简单。

9.2.1　安装 Filter Wiz Pro

安装 Filter Wiz Pro 的计算机要求：

(1)1 GHz 或更快处理器－2 GB 或更大内存。

(2)至少 250 MB 的空闲硬盘空间。

(3)最小为 1 024×768 的显示分辨率。

(4)微软 Windows XP sp3 系统和微软 NET Framework 3.5 或更高，即可在电脑上安装 FilterPro。

9.2.2　滤波器设计方法

程序启动后，出现滤波器设计向导，如图 9.29 所示。

图 9.29　Filter Wiz PRO 主界面

第一步，选择滤波器类型。

主界面主要用于选择创建滤波器的类型，包括低通、高通、带通、带阻、自定义滤波器，鼠标点击工具栏上响应的图标就可以进入滤波器设计。

第二步，确定滤波器参数。

(1)低通和高通滤波器参数。

低通和高通滤波器参数设置方法近似，图 9.30 和图 9.31 所示为低通和高通滤波器参数输入，在该窗口输入第一步选择的滤波器参数。

低通和高通滤波器参数说明如下：

①滤波器阶数 Force Filter Order。若想强制指定滤波器的阶数，则选中复选框（最高为 20）（图 9.32）。使用该功能时，无须输入滤波器阻带的衰减特性参数，因为只要滤波器带宽、阶数、滤波器响应特性确定，滤波器的带外衰减特性就确定了。如果不选择设置阶数，则可以利用通带和阻带滤波器参数进行设计。

②通带衰减 Passband Attenuation(Apb)。Apb 为通带内允许的最大衰减量，单位 dB。通常也指滤波器截止频率所对应的衰减量，即－3 dB。

③阻带衰减 Stopband Attenuation(Asb)。Asb 为阻带内要求的最小衰减量，即阻带起始频率处所对应的最小衰减量，单位 dB。

④通带频率 Passband Frequency(fpb)。fpb 为低通或高通滤波器的截止频率，即－3 dB所对应的频率，单位 Hz。

⑤阻带频率 Stopband Frequency(fsb)。fsb 也称为阻带的起始频率，是阻带内要求

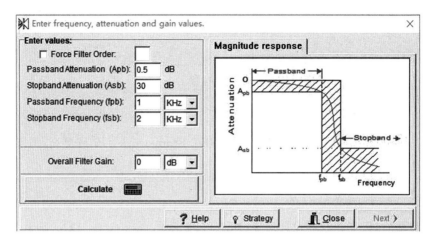

图 9.30　低通滤波器确定参数

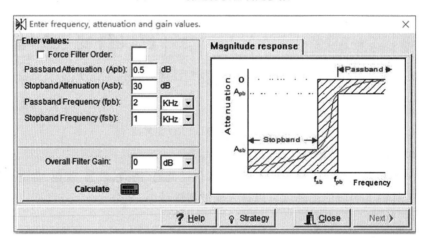

图 9.31　高通滤波器参数输入

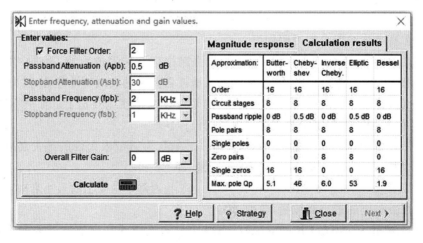

图 9.32　滤波器阶数确定

的最小衰减所对应的频率，单位 Hz。

⑥增益 Overall Filter Gain。滤波器设置的增益，单位 dB。对于低通滤波器增益是指 0 Hz 频率处所对应的增益；高通滤波器是无穷远处频率所对应的增益，实际中没有无穷远频率，因此高通滤波器增益指的是通带内随着频率增加，增益不再变化时，此时的增益为高通滤波器的增益值。

（2）带通和带阻滤波器参数。

带通和带阻滤波器参数设置方法近似，图 9.33 和图 9.34 所示为带通和带阻滤波器参数输入，在该窗口输入第一步选择的滤波器参数。

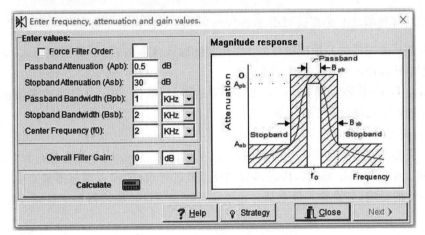

图 9.33　带通滤波器参数设置

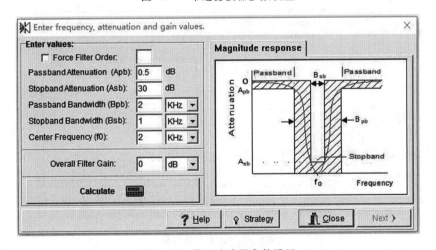

图 9.34　带阻滤波器参数设置

①滤波器阶数 Force Filter Order。若想强制指定滤波器的阶数，则选中复选框（最高为 20）。使用该功能时，无须输入滤波器阻带的衰减特性参数。如果不选择设置阶数，则可以利用通带和阻带滤波器参数进行设计。

②通带衰减 Passband Attenuation（Apb）。Apb 为通带内允许的最大衰减量，单位 dB。通常也指带通或带阻滤波器的上限频率和下限频率所对应的衰减量，即 -3 dB。

③阻带衰减 Stopband Attenuation(Asb)。Asb 为阻带内要求的最小衰减量,即阻带起始频率处所对应的最小衰减量,单位 dB。

④通带带宽 Passband Bandwidth(Bpb)。Bpb 为－3 dB 所对应的频率范围,单位 Hz。

⑤阻带带宽 Stopband Bandwidth(Bsb)。Bsb 是阻带内要求的最小衰减所对应的频率范围,单位 Hz。

⑥中心频率 Center Frequency(fo)。fo 是带通滤波器或带阻滤波器的中心频率,单位 Hz。输入这个参数要注意,中心频率应利用公式 $f_o = \sqrt{f_L f_H}$,其中 f_L、f_H 分别是下限频率和上限频率。不能直接利用 $f_o = \dfrac{f_L + f_H}{2}$,这个公式是中心频率的近似公式,成立的前提条件是滤波器的品质因数 $Q \geqslant 5$,因此实际输入该参数时,不用近似公式,这样也不会由于近似计算而产生中心频率误差。

⑦增益 Overall Filter Gain。滤波器设置的增益,单位 dB。是带通或带阻滤波器的中心频率处对应的滤波器的增益值。

(3)自定义滤波器参数。

自定义滤波器是根据输入滤波器的增益、品质因素、中心频率参数进行设计的,如图 9.35 所示。也可以根据滤波器传递函数的极点值进行设计,或者理解零极点位置对滤波器幅频特性的影响,只需输入极点值。由于依据极点值设计滤波器难度较高,因此很少使用。

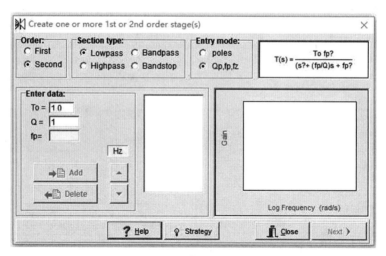

图 9.35　自定义滤波器

自定义滤波器设计时,可以是一阶的,也可以是多阶的。在进行多阶滤波器设计时,需要把多阶的滤波器分解成多个二阶节形式或一个二阶节和多个二阶节组合的方式,每输入完一个滤波器节后,点击 Add 按钮进行添加后续的滤波器节。如图 9.36 所示,两个中心频率相同、品质因数不同的二阶节级联的设计。

当滤波器参数确定以后,点击 Calculate 按钮,所设计的滤波器计算结果就显示出来了,包括常用滤波器响应下的滤波器阶数、电路节数、零点个数等(图 9.37)。

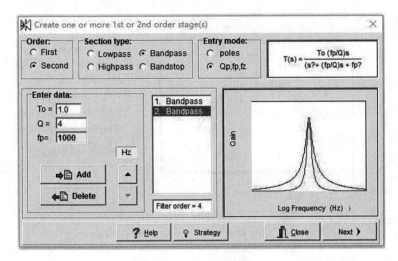

图 9.36　四阶自定义带通滤波器

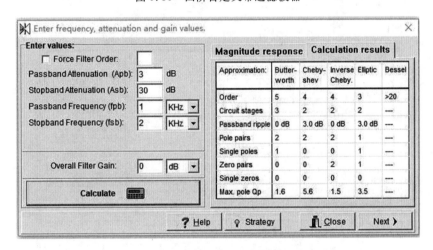

图 9.37　滤波器参数计算结果

第三步,滤波器响应观测。

在第二步点击 Next 按钮,进入滤波器响应选择界面,如图 9.38 所示。

Filter Wiz Pro 提供以下滤波器响应:巴特沃斯响应(Butterworth)、切比雪夫响应(Chebyshev)、反切比雪夫响应(Inverse Chebyshev)、椭圆响应(Eillptic)、贝塞尔响应(Bessel),其中切比雪夫和椭圆响应在输入滤波器参数时要注意通带波动参数,因为这两个滤波器在通带内具有纹波起伏特性。

在滤波器响应界面除了可以观测幅频响应(Gain)外,还可以观测滤波器的相位响应(Phase)、群时延(Grp. Delay)、阶跃响应、冲击响应、零极点在复平面的位置图(Pole一zero)。

第四步,滤波器电路形式选择。

图 9.39 所示为滤波器电路形式选择界面。

在滤波器电路形式选择界面中,电路类型丰富,以低通滤波器为例:

对于全极点型滤波器(巴特沃斯、切比雪夫、贝塞尔)共计 13 种电路,具体包括:Del-

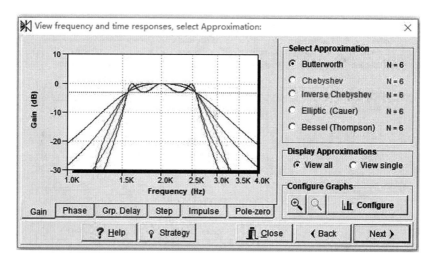

图 9.38　滤波器响应

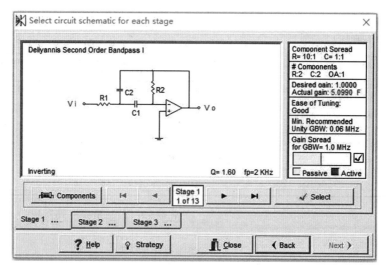

图 9.39　滤波器电路形式选择界面

iyannis Ⅰ 型、Deliyannis Ⅱ 型、Sallen－Key、Multiple Feedback Ⅰ 型、Multiple Feedback Ⅱ 型、Fliege、Twin－T、KHN 同相输入、KHN 反相输入、Tow－Thomas(TT)、Mikhael－ Bhattcharyya(MB)、Berka－Herpy(BH)、Akerberg－Mossberg(AM)。

　　对于非全极点型滤波器(椭圆、反切比雪夫)共计 10 种电路,具体包括:Friend's Single Amplifter Biquand(SAB)、Scultety、Boctor、Fliege、Twin－T、KHN 同相输入、KHN 反相输入、Tow－Thomas(TT)、Mikhael－Bhattcharyya(MB)、Berka－Herpy(BH)、Akerberg－Mossberg(AM)。

　　在电路选择界面的右侧,显示电路参数设计要求和信息,如图 9.40 所示。

　　元件分散度表示元件值最大和最小的比值。元器件数量表示统计该滤波节电路的电阻、电容、运放的数量。设计增益表示设计参数的输入值,实际增益表示用该类型电路实际达到的增益。易于调试程度表示电路元件值变化时对滤波器参数影响的程度,如

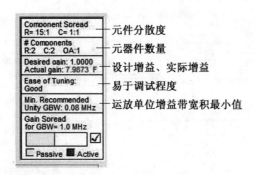

图 9.40　电路参数情况和要求

Good、Excellent。运放单位增益带宽积最小值表示实现该滤波器所使用的运放增益带宽积的最低要求。

　　选择滤波器电路后，点击 Select 按钮，表示选中该电路作为设计的电路，比如六阶带通滤波器，每一个二阶节选择 Deliyannis Ⅰ型电路，点击 Next 按钮，则电路原理图便显示出来，如图 9.41 所示，图中包括电容、电阻的元件值。

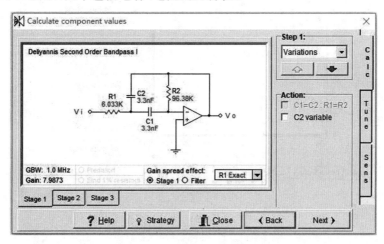

图 9.41　电路设计原理图

　　图 9.41 右侧的选项卡共 3 个，分别用于交互设计、滤波器参数调整、元件灵敏度。

第五步　交互设计。

FilterWiz Pro 提供交互修改设计的功能。当通过以上四个步骤完成滤波器设计后，或者打开一个已完成的滤波器设计时，可以对元件值进行修改，用鼠标左键点击原理图中的元件图标，就可以进入元件值修改界面，如图 9.42 所示。

　　修改元件值后，滤波器的参数可能会发生变化，软件提供了修改后的幅频特性曲线、相频特性曲线、群时延曲线，用于评价修改后对滤波器的影响程度，如图 9.43 所示。

　　在图 9.43 中，可以在 Show Stages 功能区中选择特性曲线输出的位置，比如第 1 个二阶节，或第 1 至第 2 个二阶节的输出等。

　　曲线的显示方式可以调整，点击 Congfigure Graphs 功能区中的 Configure 按钮，然后软件显示如图 9.44 所示的界面，包括对数显示、线性显示、横纵坐标轴显示范围等。

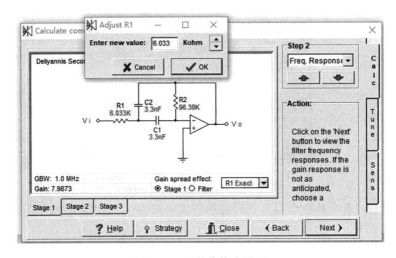

图 9.42　元件值修改界面

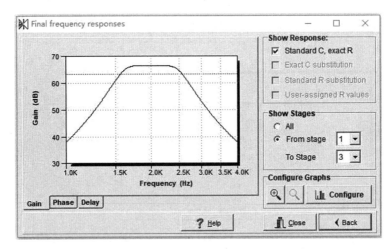

图 9.43　修改后的滤波器特性曲线

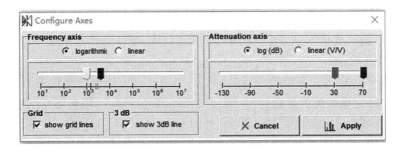

图 9.44　曲线调整界面

　　上面元件值调整是单独对某个元件或某些元件进行修改,如果元件值统一联动,即利用上下键使元件值一起变化,但这种变化不会改变滤波器特性,即滤波器的参数不会发生变化。在 Step 区域,选择 Adjust Values,然后在 Action 区域内,点击上下箭头,电容值会增大或缩小,电阻值也会依据设计的滤波器参数值做相应的改变,如图 9.45 所示。

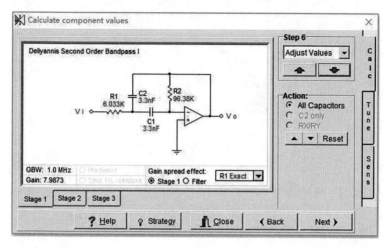

图 9.45　元件值修正

在进行滤波器调试过程中,由于元器件值不容易达到理论计算值,因此滤波器参数中的中心频率或者品质因数会产生偏差,需要调整某些元件值,软件给出了调整方法,如图 9.46 所示,比如第 1 个二阶节(Stage1),调整品质因数需调节 R1,中心频率需调节 C1。

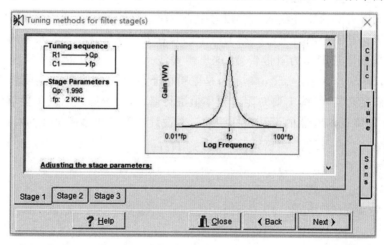

图 9.46　滤波器参数调整方法

每种滤波器电路形式对应的元件灵敏度都有差别,我们总希望元件灵敏度低,这样当环境温度、湿度变化时引起的元器件值变化,对滤波器参数影响小,软件给出了各个电路的元件灵敏度。图 9.47 中分别给出了增益、中心频率、品质因数等参数的元件灵敏度,色条长度越长表示灵敏度越大。

9.2.3　设计实例

设计巴特沃斯带通滤波器,带宽 8～16 kHz,4 kHz 和 32 kHz 处衰减不小于 25 dB,给出电路设计电路原理图。

第一步,选择滤波器类型。

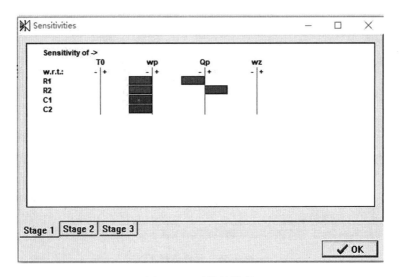

图 9.47　元件灵敏度

在软件启动界面中,点击带通滤波器图标。

第二步,确定滤波器参数。

带通滤波器需要给软件输入的参数为中心频率、通带衰减量、通带带宽、阻带带宽、阻带衰减最小值。其中一般将下限频率的一个倍频程处(4 kHz)与上限频率的一个倍频程处(32 kHz)的频率范围作为阻带带宽,这里需要注意,通带和阻带频率需要与中心频率呈几何对称,即 $f_L f_H = f_{SL} = F_o^2$,f_{SL}、f_{SH} 是阻带的下限频率和阻带的上限频率。如果阻带频率不能满足几何对称,需要对阻带频率值进行修改,使得修改后的值能够满足几何对称,原则是不能降低滤波器的设计指标要求。本设计中阻带频率满足几何对称要求。

中心频率:$f_o = \sqrt{f_L f_H} = \sqrt{8 \times 16} \approx 11.3$ kHz;

通带带宽:$B_{ph} = f_L - f_H$;

通带衰减:$A_{pb} = 3$ dB;

阻带带宽:$B_{sb} = f_{SL} - F_{SH}$;

阻带衰减:$A_{sb} = 25$ dB。

输入上面滤波器参数,点击 Caculate 按钮,如图 9.48 所示。可以看出,满足上述技术指标要求的巴特沃斯带通滤波器需要阶数六阶,即 3 个二阶节。

第三步:滤波器特性曲线观测。

在图 9.48 界面点击 Next 按钮,进入滤波器频率特性界面,如图 9.49 所示,在这里可以通过观测频率特性曲线,验证滤波器设计是否合理。方法是用鼠标点击曲线,此时会弹出一个小窗口,如图 9.50 所示,可以看到点击位置处的频率值和该值所对应的衰减量,也可以输入频率值或衰减量,点击 calc 按钮,则另一个值就会显示出来。

第四步,滤波器电路选择。

在图 9.50 中点击 Next,进入电路选择界面,如图 9.51 所示。这里选择了多路负反馈电路(MFB),这种电路需要的元器件不多,元件灵敏度低。

第五步,交互设计。

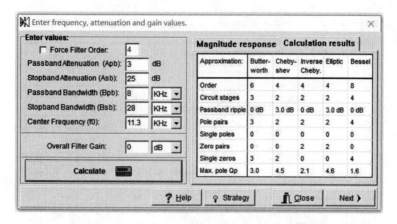

图 9.48 滤波器参数输入界面

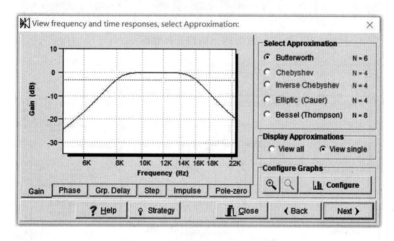

图 9.49 滤波器频率特性界面

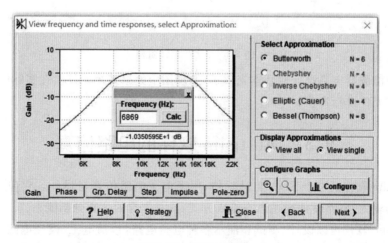

图 9.50 观测曲线值

在图 9.51 中点击 Next,进入交互设计窗口,同时软件给出了电路元件值,如图 9.52 所示。

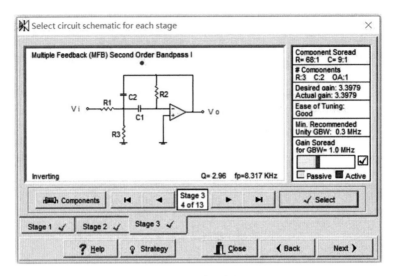

图 9.51　电路选择界面

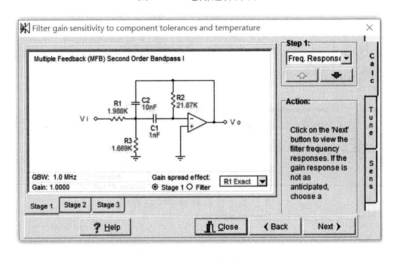

图 9.52　交互设计窗口

到这里滤波器电路设计便基本完成了,原理图中如果某个元件值在实际中找不到,可以对滤波器元件进行修改。

9.3　Multisim 软件的电路仿真

Multisim 软件是一个 EDA 工具软件,用于电子电路仿真与设计。它包含了电路原理图的图形输入、电路硬件描述语言输入方式,具有丰富的仿真分析能力。

Multisim 软件可以设计、测试和演示各种电子电路,包括电工、模拟电路、数字电路、射频电路、微控制器和接口电路等。可以对模拟电路中的元件设置开路、短路、不同程度漏电等各种故障,从而观察电路在不同故障情况下的工作情况。在仿真的同时,软件还可以存储测试点的所有数据,列出仿真电路的所有元件,存储测试仪器的工作状态、显示波形和具体数据,因此利用 Multisim 软件可以对设计的滤波器电路进行全面仿真,包括噪声、幅频特性、相频特性等,而这一仿真是基于某一特定运算放大器进行的,因此更接近实际工程应用特性。

9.3.1　安装 Multisim 软件

安装 Multisim 的计算机要求:

①1 GHz 或更快处理器。

②2 GB 或更大内存。

③至少 250 MB 的空闲硬盘空间。

④最小为 1 024×768 的显示分辨率。

⑤微软 Windows XP sp3 系统和微软 NET Framework 3.5。

安装步骤如下:

(1)开始安装,点击 NI_Circuit_Design_Suite_14_0_Educatic(图 5.53)。

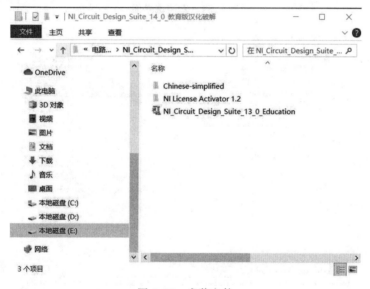

图 9.53　安装文件

(2)点击图 9.54 中 Install NI Circuit Design Suite 13.0。

(3)软件的安装选项,使用默认即可,然后点击"Next"继续(图 9.55)。

(4)点击"Next"继续,接下来开始安装软件主程序,等待软件安装完成,如图 9.56 所示。注意,软件安装仅仅给出主要的安装步骤,其他没有显示的窗口略去。

9.3.2　Multisim 使用方法

1. Multisim 软件主界面及其功能

程序启动后,出现 Multisim 主界面,如图 9.57 所示。

Multisim 菜单栏如图 9.58 所示。

图 9.59 是 Multisim 主工具栏,可以进行电路仿真波形记录、网络标号浏览等。

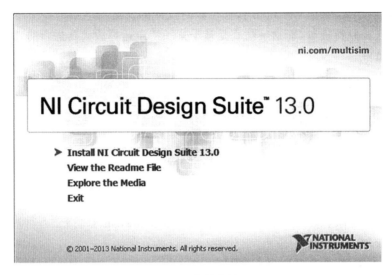

图 9.54　安装主界面

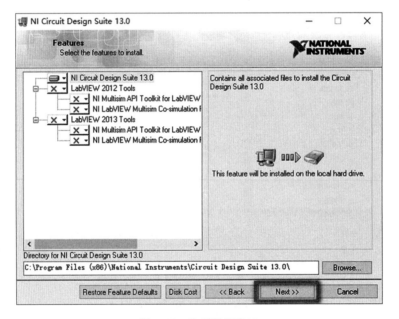

图 9.55　选项设置窗口

图 9.60 是 Multisim 元器件工具栏,用于绘制电路原理图时调用元器件,如电容、电阻、三极管、二极管、逻辑门、运算放大器、MCU、电源等。

图 9.61 是 Multisim 虚拟仪器工具栏,在这个工具栏中可以使用虚拟仪器对电路进行仿真,如利用示波器观测输出或输入波形、用信号源产生信号、用万用表测试电压或电流、用频谱分析仪分析电路频谱特性等。

2. Multisim 仿真基本操作

Multisim 仿真的基本步骤:

(1)创建电路原理图文件。

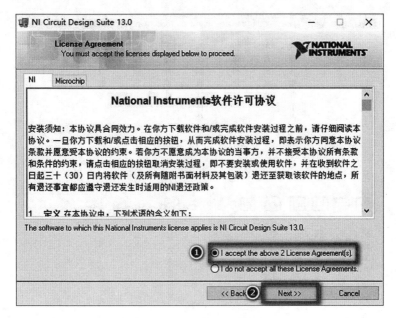

图 9.56　安装软件许可协议

图 9.57　Multisim 主界面

(2)放置元器件、虚拟仪器。

(3)元器件编辑。

(4)连接各个元器件和虚拟仪器。

(5)运行电路仿真。

图 9.58 Multisim 菜单栏

图 9.59 Multisim 主工具栏

图 9.60 Multisim 元器件工具栏

图 9.61 Multisim 虚拟仪器工具栏

(6)观测仿真结果和修改电路,达到预期的功能和技术指标要求。

具体方式如下:

(1)建立电路文件。

具体建立电路文件有 4 种方法:

①打开 Multisim10 时,软件自动打开空白电路文件,保存时对这个空白电路进行重新命名。

②利用菜单栏,点击菜单 File/New,完成空白电路创建。

③比较快捷的方式是用鼠标点击工具栏 New 按钮。

④最快捷的方式是利用快捷键方式进行创建,即 Ctrl+N。

(2)放置元器件和仪表。

Multisim10 的元件数据库有:主元件库(Master Database)、用户元件库(User Database)、合作元件库(Corporate Database),后两个库由用户或合作人创建,新安装的 Multisim10 中这两个数据库是空的。

放置元器件有 4 种方法:

①选择菜单中的 Place Component。

②利用元件工具栏中的 Place/Component,这种方法比较常用。

③在电路原理绘制区单击鼠标右键,会弹出菜单,选择菜单中的 Place Component。

④可以通过快捷键方式放置元器件,即 Ctrl+W。

放置仪表可以点击虚拟仪器工具栏相应按钮,或者使用菜单方式。

以模拟滤波器电路放置+12 V 电源为例,点击元器件工具栏放置电源按钮(Place Source),选择 VCC,如图 9.62 所示。

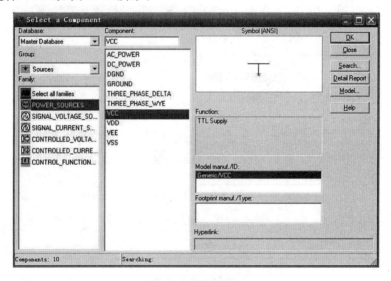

图 9.62　放置电源

由于选择的 VCC 电源默认电压为+5 V,使用 12 V 时,需要进行修改,如图 9.63 所示。

一个电路能够正常工作,通常需要接地端,在 Multisim 中,这个接地端,即参考端必须有否则报错,放置接地端如图 9.64 所示。

同理,也可以放置其他元器件,如电容元件,如图 9.65 所示。

图 9.66 为一个二阶低通滤波器电路所需要的元器件,在原理图工作区放置了电阻、电容、电源、接地端、信号发生器、示波器。

(3)元器件编辑。

①元器件参数设置。若需要修改元器件的参数可以双击该元器件,如修改电阻值,用鼠标左键双击电阻元件,此时会弹出参数修改对话框,如图 9.67 所示。

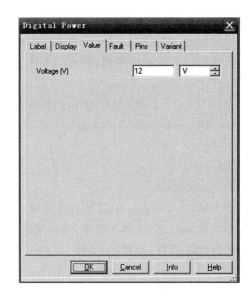

图 9.63　电压源电压值修改

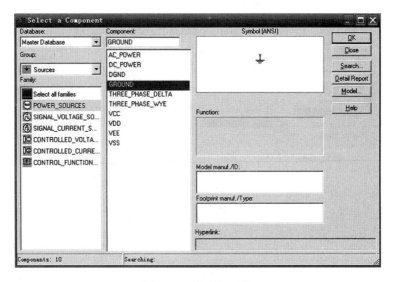

图 9.64　放置接地端

选项卡包括：

(a)Label：标签，元器件的编号，由系统自动分配，这个编号虽然可以修改，但须保证编号唯一性，否则系统会报错。一般情况下，无须修改，使用默认值。

(b)Display：显示功能使能。

(c)Value：元件参数值。

(d)Fault：故障设置，Leakage 漏电，Short 短路，Open 开路，None 无故障（默认）。

(e)Pins：引脚，元器件的引脚编号、类型、电气状态。

②元器件向导(Component Wizard)。对特殊要求，可以用元器件向导编辑自己的元器件，一般是在已有元器件基础上进行编辑和修改。

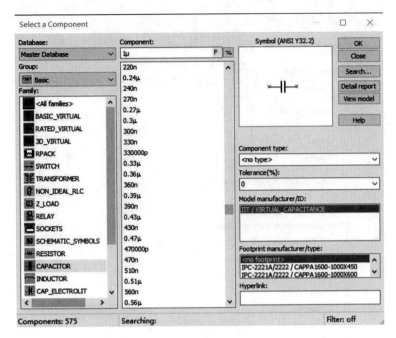

图 9.65　放置电容

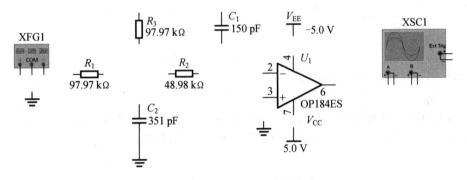

图 9.66　放置元器件和仪器仪表

菜单 Tools/ Component Wizard,按照规定步骤编辑,用元器件向导编辑生成的元器件放置在 User Database(用户数据库)中。

(4)元器件间的连线与调整。

①连线。

a. 自动连线:将光标移至元器件任意引脚,此时鼠标指针变为"十"字形,单击鼠标左键并移动鼠标,就可以有导线出现,可以将元器件的引脚至目标引脚进行连线。单击鼠标右键,则连线完成,当导线连接后呈现丁字交叉时,系统自动在交叉点放节点(Junction)。

b. 手动连线:单击起始引脚,鼠标指针变为"十"字形后,在需要拐弯处单击,可以固定连线的拐弯点,从而设定连线路径。

注意 Multisim10 默认丁字交叉为导通,十字交叉为不导通,对于十字交叉而希望导通的情况,可以分段连线,即先连接起点到交叉点,然后连接交叉点到终点;也可以在已有连线上增加一个节点(Junction),从该节点引出新的连线,添加节点可以使用菜单 Place/

图 9.67 电阻元件参数修改对话框

Junction,或者使用快捷键 Ctrl+J。

②调整。

a. 调整位置：单击选定元件，移动至合适位置，或利用快捷键进行元器件旋转，如 Ctrl+R,也可以进行元器件的镜像等操作，可以单击鼠标右键，如图 9.68 所示。

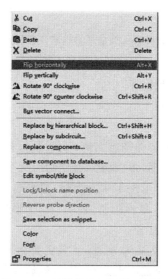

图 9.68 元器件位置调整对话框

b. 改变标号:双击进入属性对话框更改,如图 9.69 所示。

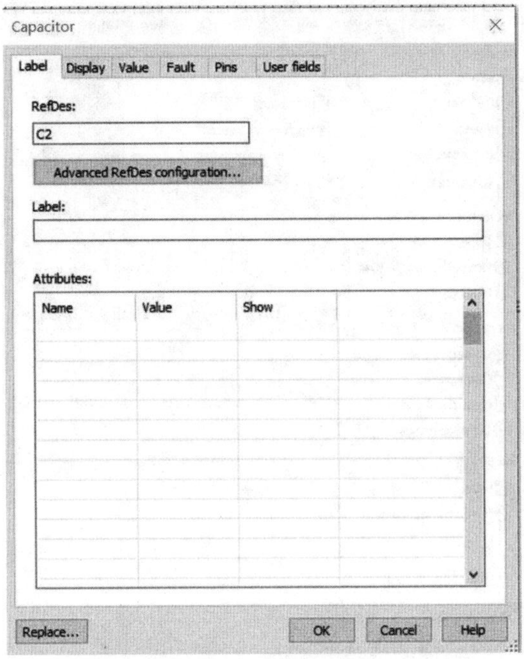

图 9.69 元器件的标号修改对话框

c. 显示节点编号以方便仿真结果输出:菜单 Options/Sheet Properties/Circuit/Net Names,选择 Show All。

d. 导线和节点删除:右击/Delete,或者点击选中,按 Delete 键。

连线和调整后的电路图如图 9.70 所示。若显示电路节点编号,可以在图 9.71 进行设置。图 9.72 是显示节点编号后的电路图。

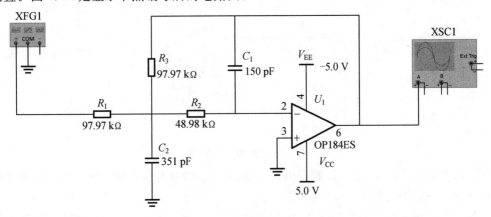

图 9.70 连线和调整后的电路图

(5)电路仿真。

电路绘制完成之后,就可以进行电路仿真,按下工具栏中的仿真运行按钮,电路开始工作,Multisim 界面的状态栏右端出现仿真状态指示;需要观测电路仿真结果时,可以双

图 9.71　设置显示对话框

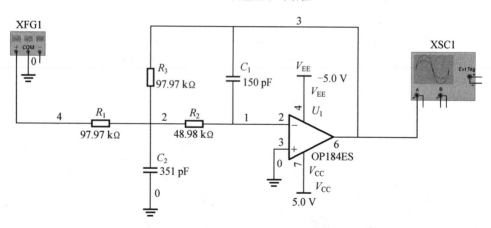

图 9.72　电路图的节点编号显示

击虚拟仪器或监测探头，就可以看到仿真结果，为了获得更好的观测结果可以对虚拟仪器进行设置。仿真结果如图 9.73 所示。

　　若需要改变示波器的背景颜色，可以双击示波器，然后点击 Reverse 按钮，背景颜色就完成反色显示，如图 9.74 所示。也可以使用示波器窗口最左侧的两个测量标尺，对应时间及该时间的电压波形幅值进行标定，也可以用测量标尺测量信号周期。

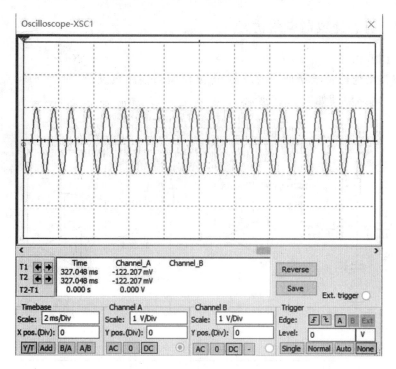

图 9.73　滤波器输出波形显示

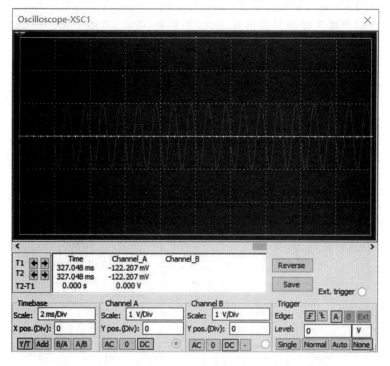

图 9.74　输出波形反色显示

9.3.3 有源滤波器电路仿真

1. 低通滤波器

滤波器类型为巴特沃斯低通滤波器,电路模型为多路负反馈,阶数四阶,截止频率为10 kHz,绘制电路原理如图 9.75 所示。

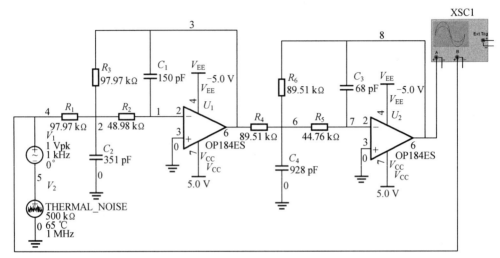

图 9.75　多路负反馈型低通滤波器

在滤波器电路的输入端加入信号,信号为 1 kHz 的正弦波和噪声源叠加形式,双击示波器,可以观测到输入波形和输出波形,如图 9.76 所示,其中上面波形为输入波形,下面波形为输出波形,可以看出,输出波形噪声明显变小。

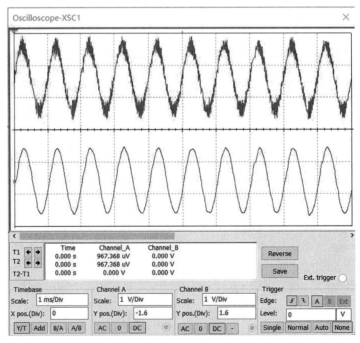

图 9.76　输入和输出波形

　　为了观测滤波器的幅频特性和相频特性,可以在虚拟仪器工具栏选择 bode 仪,将滤波器输入端和输出端分别连接在 bode 仪的输入和输出端,幅频特性曲线和相频特性曲线分别如图 9.77 和图 9.78 所示。

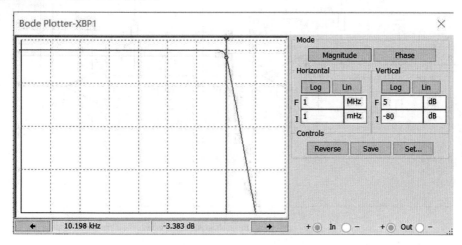

图 9.77　幅频特性曲线

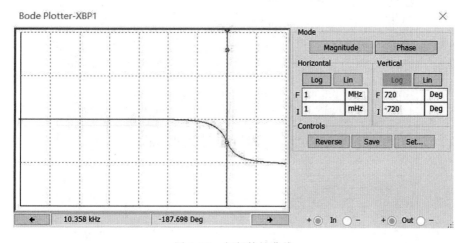

图 9.78　相频特性曲线

2. 高通滤波器

　　滤波器类型为巴特沃斯高通滤波器,电路模型为多路负反馈,阶数四阶,截止频率为 5 kHz,绘制电路原理如图 9.79 所示。

　　在滤波器电路的输入端加入信号,信号为 20 kHz 的正弦波和 500 Hz 低频正弦波叠加形式,双击示波器,可以观测到输入波形和输出波形,如图 9.80 所示,其中上面波形为输入波形,下面波形为输出波形,可以看出,输入波形中有低频成分,但通过高通滤波器后,输出波形已经看不到低频成分了。

　　同理也可以通过 bode 仪观测幅频特性曲线和相频特性曲线,分别如图 9.81 和图 9.82所示。

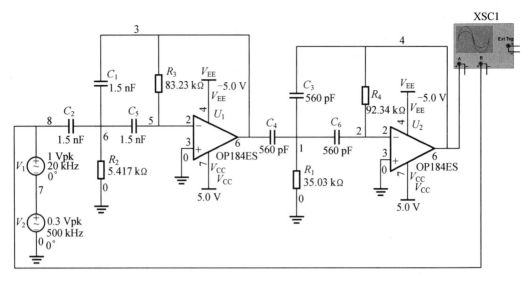

图 9.79 多路负反馈型高通滤波器

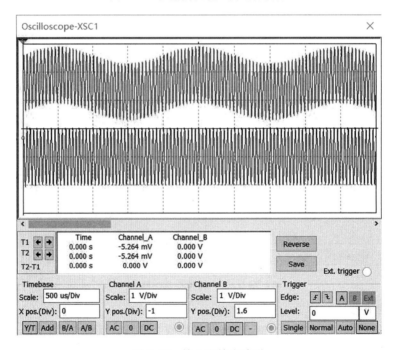

图 9.80 输入和输出波形

3. 带通滤波器

滤波器类型为巴特沃斯带通滤波器,电路模型为多路负反馈,阶数四阶,频率范围为 20~30 kHz,绘制电路原理如图 9.83 所示。

在滤波器电路的输入端加入信号,信号为 25 kHz 的正弦波、500 Hz 低频正弦波以及高频 500 kHz 正弦波叠加形式,双击示波器,可以观测到输入波形和输出波形,如图 9.84 所示,其中上面波形为输入波形,下面波形为输出波形,可以看出,输入波形中既包含低频

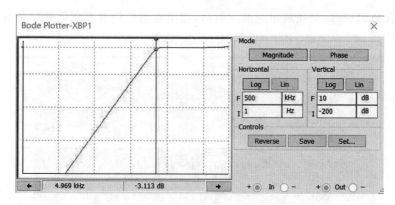

图 9.81　幅频特性曲线

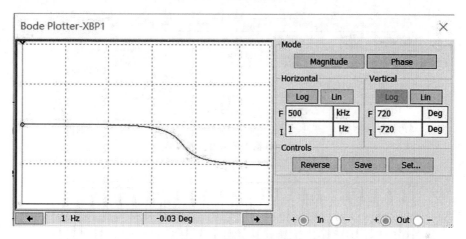

图 9.82　相频特性曲线

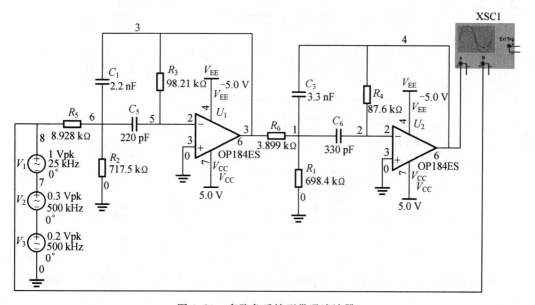

图 9.83　多路负反馈型带通滤波器

成分,也包含高频成分,但通过带通滤波器后,输出波形已经看不到低频和高频成分了。

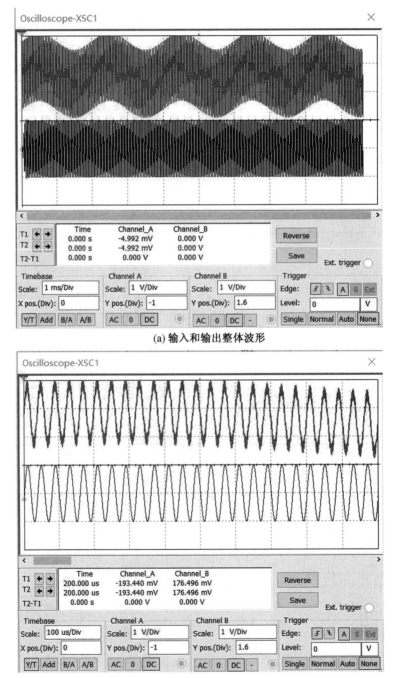

(a) 输入和输出整体波形

(b) 波形局部放大图

图 9.84　输入和输出波形

同理也可以通过 Bode 仪观测幅频特性曲线和相频特性曲线分别如图 9.85 和图9.86
所示。

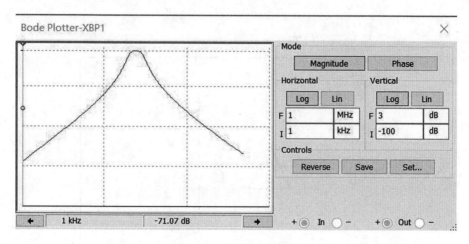

图 9.85　幅频特性曲线

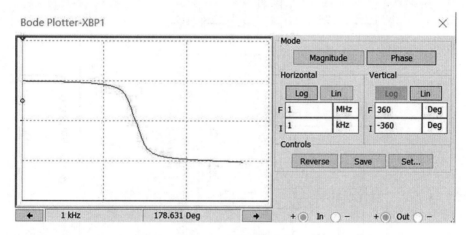

图 9.86　相频特性曲线

4. 带阻滤波器

滤波器类型为巴特沃斯带阻滤波器,电路模型为 SAB,阶数四阶,中心频率为 10 kHz,带宽 2 kHz,绘制电路原理如图 9.87 所示。

在滤波器电路的输入端加入信号,信号为 80 Hz、10 kHz、100 kHz 叠加形式,使用滤波电路滤除 10 kHz 的信号。双击示波器,可以观测到输入波形和输出波形,如图 9.88 所示,其中上面波形为输入波形,下面波形为输出波形,可以看出,通过滤波器后,10 kHz 的信号已经看不到了。

利用虚拟仪器中的频谱分析仪,可以观测信号的频谱特性,如图 9.89 所示,从图上可以看出,输入波形频谱为 80 Hz、10 kHz、100 kHz 三种频率成分,如图 9.89(a)所示。经过带阻滤波器后,输出波形频谱中的 10 kHz 信号已经不存在了,如图 9.89(b)所示。

同理也可以通过 bode 仪观测幅频特性曲线和相频特性曲线,分别如图 9.90 和图 9.91所示。

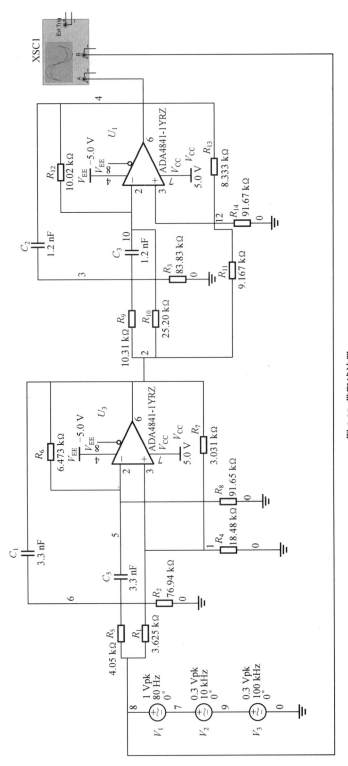

图 9.87 带阻滤波器

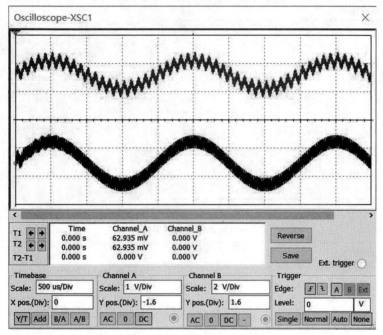

(a) 输入和输出整体波形

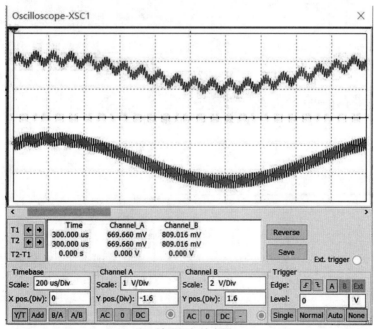

(b) 波形局部放大图

图 9.88　输入和输出波形

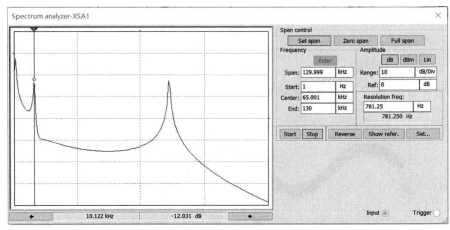

(a) 输入信号的频谱特性

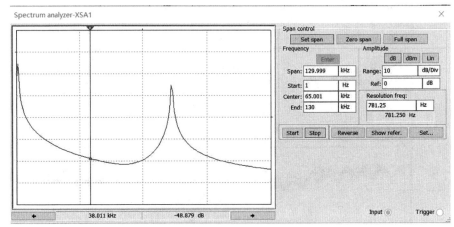

(b) 输出信号的频谱特性

图 9.89　输入和输出信号频谱特性

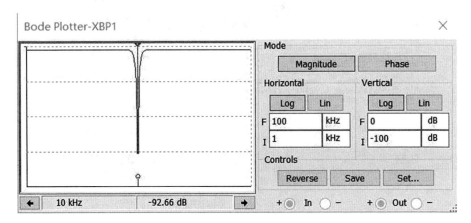

图 9.90　幅频特性曲线

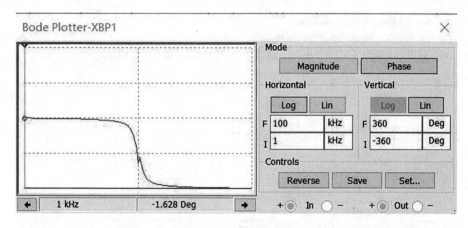

图 9.91　相频特性曲线

9.4　Matlab 软件仿真设计

Matlab 是一种基于矩阵运算、数值分析、绘图以及模拟仿真的高级计算机语言,具有极强大的计算功能和极高的编程效率,特别适合于科学计算、数值分析、系统仿真和信号处理等任务。Matlab 软件可用于滤波器仿真设计,可以帮助用户仿真设计多种响应的有源滤波器,包括低通、高通、带通、带阻和全通滤波器,滤波器响应包括巴特沃斯、切比雪夫、贝塞尔、高斯和线性相移等。

9.4.1　安装 Matlab**2016**

计算机要求:

①32 位、64 位的处理器均可,官方推荐 4 核 CPU。

②内存 2G,4G 更好。

③硬盘空间,最多只需要 6 GB。

④最小为 1 024×768 的显示分辨率。

⑤Win7～Win10 均可。

9.4.2　滤波器设计分析工具 FDATOOL

FDATOOL(Filter Design & Analysis Tool)是 Matlab 信号处理工具箱中专用的滤波器设计分析工具。FDATOOL 可以设计包括 FIR 和 IIR 的几乎所有的常规滤波器,操作简单,使用方便灵活。

在 Matlab 命令行窗口输入"fdatool"指令,即可打开 Matlab 自带的功能强大的滤波器设计工具——FDATOOL,如图 9.92 所示。

滤波器类型设置区域(Response Type),选择使用何种滤波器,包括低通、高通、带通、带阻和特殊的 FIR 滤波器。

滤波器阶次设置区域(Filter Order),可以用于定义滤波器的阶次,包括指定阶数和

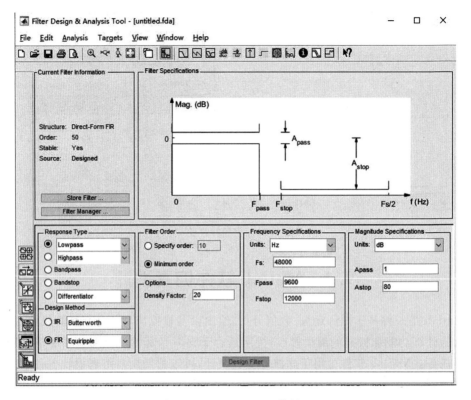

图 9.92　FDLTOOL 工作界面

最小阶数。

　　滤波器频率参数设置区域（Frequency Specifications），可以用于设置滤波器的采样频率、频带的截止频率等。

　　滤波器幅值参数设置区域（Magnitude Specifications），用于设置滤波器增益。

　　当前滤波器信息区域（Current Filter Informations），显示了当前设计的滤波器类型、阶次以及稳定性。

　　滤波器相关特性曲线区域（Filter Specifications），可显示滤波器的幅频特性、相频特性以及群时延等参数曲线。

9.4.3　采用 FDATOOL 工具设计实例

1. 设计 IIR 低通滤波器

　　实例：利用 FDATOOL 工具设计一个低通 IIR 滤波器，通带范围为 0～1 000 Hz，阻带截止频率为 1 200 Hz，采样频率为 8 000 Hz，要求阻带衰减大于 60 dB。

　　Step1：在命令窗口输入"fdatool"指令，启动 FDATOOL。

　　Step2：单击 Response Type 部分的低通（Lowpass）选项，指定设计低通滤波器。

　　Step3：在 Design Method 部分的 IIR 下拉列表框中，选择椭圆函数（Elliptic）设计方法。

　　Step4：在 Filter Order 选项部分，选中 Minimum order 按钮，由软件指定最小滤波器阶数。

　　Step5：在 Frequency Specifications 部分，设置采样频率为 8 000 Hz，通带截止频率为 1 000 Hz，阻带截止频率为 1 200 Hz。

　　Step6：在 Magnitude Specifications 区域设置滤波器阻带衰减为 60 dB。

　　Step7：根据设计要求完成所有设置后，单击 FDATOOL 界面下方的 Design Filter 按钮开始滤波器设计，如图 9.93 所示。

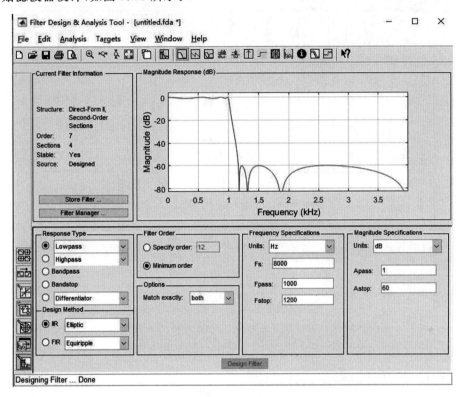

图 9.93　FDLTOOL 工具设计低通 IIR 滤波器

2. 设计 FIR 带通滤波器

　　实例：利用 FDATOOL 工具设计一个带通 FIR 滤波器，通带范围为 1 000～2 000 Hz，阻带截止频率分别为 600 Hz 和 2 400 Hz，采样频率为 8 000 Hz 的等纹波滤波器，要求阻带衰减大于 60 dB。

　　Step1：在命令窗口输入"fdatool"指令，启动 FDATOOL。

　　Step2：单击 Response Type 部分的带通（bandpass）选项，指定设计带通滤波器。

　　Step3：在 Design Method 部分的 FIR 下拉列表框中，选择等纹波（Equiripple）设计方法。

　　Step4：在 Filter Order 选项部分，选中 Specify order 按钮，设定 FIR 滤波器阶数为 120。

　　Step5：在 Frequency Specifications 部分，设置采样频率为 8 000 Hz，通带截止频率为 1 000 Hz、2 000 Hz，阻带截止频率为 600 Hz、2 400 Hz。

Step6：在 Magnitude Specifications 区域设置滤波器阻带衰减为 60 dB。

Step7：根据设计要求完成所有设置后，单击 FDATOOL 界面下方的 Design Filter 按钮开始滤波器设计，如图 9.94 所示。

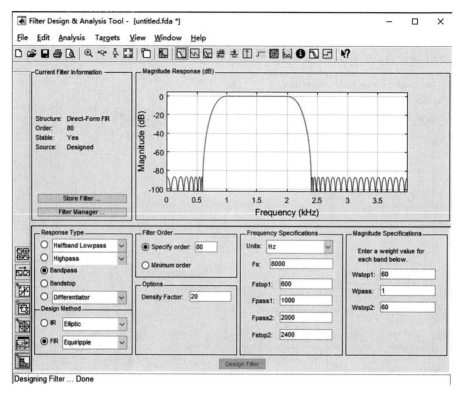

图 9.94　FDLTOOL 工具设计带通 FIR 滤波器

9.4.4　低通滤波器的仿真设计

Matlab 提供了多种现成的设计 IIR 模拟低通滤波器的函数，包括 butter（巴特沃斯函数）、cheby1（切比雪夫 I 型函数）、cheby2（切比雪夫 II 型函数）及 ellip（椭圆滤波器函数）。

实例：设计满足下列条件的模拟 Butterworth 低通滤波器 $f_p = 1.2$ kHz，$f_s = 2.5$ kHz，$A_p = 1$ dB，$A_s = 60$ dB。

1. 采用 butter 函数设计

利用 Matlab 设计巴特沃斯（BW）滤波器：

[N, Wc] = buttord(Wp, Ws, Ap, As, ′s′)，确定模拟巴特沃斯滤波器的阶数 N 和 3 dB 截止频率 Wc。Wc 是由阻带参数确定的。′s′ 表示模拟域（Wp、Ws 分别为通带截止频率和阻带截止频率，单位为弧度）。

[num, den] = butter(N, Wc, ′s′)，确定阶数为 N，3 dB 截止频率为 Wc（弧度/秒）的巴特沃斯滤波器分子和分母多项式。′s′ 表示模拟域。

[z, p, k] = buttap(N)，确定 N 阶归一化的巴特沃斯滤波器的零点、极点和增益。

Matlab 程序代码如下：

```
Wp＝2 * pi * 1 200;Ws＝2 * pi * 2 500;Ap＝1;As＝60;
[N,Wc]＝buttord(Wp,Ws,Ap,As,´s´);
[num,den] ＝ butter(N,Wc,´s´);
omega＝[Wp Ws];h ＝ freqs(num,den,omega);
omega ＝ [0:10:6 000 * pi];
h ＝freqs(num,den,omega);
gain＝20 * log10(abs(h));plot(omega/(2 * pi),gain);
xlabel(´Frequency in Hz´);ylabel(´Gain in dB´);
axis([0,3 000,−80,5])
```

Butterworth 低通滤波器设计仿真图如图 9.95 所示。

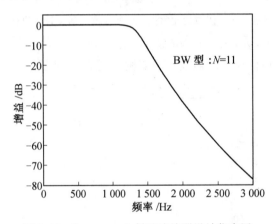

图 9.95　Butterworth 低通滤波器设计仿真图

2. 采用 cheby1 函数设计

利用 Matlab 设计切比雪夫 I 型(CB I 型)滤波器:

[N,Wc]＝cheb1ord(Wp,Ws,Ap,As,´s´),确定模拟切比雪夫 I 型滤波器的阶数 N。

[num,den]＝cheby1(N,Ap,Wc,´s´),确定阶数为 N,截止频率为 Wc 的切比雪夫 I 型滤波器的分子和分母多项式。Wc 由 cheb1ord 函数确定。

Matlab 程序代码如下:

[N,Wc]＝cheb1ord(Wp,Ws,Ap,As,´s´);

[num,den] ＝ cheby1(N,Ap,Wc,´s´);

模拟切比雪夫 I 型低通滤波器设计仿真图如图 9.96 所示。

3. 采用 cheby2 函数设计

利用 Matlab 设计切比雪夫 II 型(CB II)滤波器:

[N,Wc]＝cheb2ord(Wp,Ws,Ap,As,´s´),确定模拟切比雪夫 II 型滤波器的阶数 N。

[num,den]＝cheby2(N,As,Wc,´s´),确定阶数为 N,阻带衰减为 As 的切比雪夫 II 型滤波器的分子和分母多项式。Wc 由 cheb2ord 函数确定。

Matlab 程序代码如下:

[N,Wc]＝cheb2ord(Wp,Ws,Ap,As,´s´);

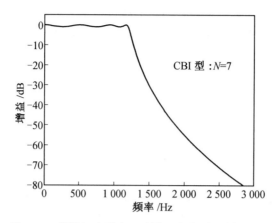

图 9.96　模拟切比雪夫Ⅰ型低通滤波器设计仿真图

$[num,den] = cheby2(N,As,Wc,'s');$

模拟切比雪夫Ⅱ型低通滤波器设计仿真图如图 9.97 所示。

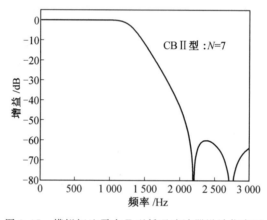

图 9.97　模拟切比雪夫Ⅱ型低通滤波器设计仿真图

4. 采用 ellip 函数设计

利用 Matlab 设计椭圆滤波器:

$[N,Wc]=ellipord(Wp,Ws,Ap,As,'s')$,确定椭圆滤波器的阶数 N,Wc=Wp。

$[num,den]=ellip(N,Ap,As,Wc,'s')$,确定阶数为 N,通带衰减为 Ap,阻带衰减为 As 的椭圆滤波器的分子和分母多项式。Wc 是椭圆滤波器的通带截频。

Matlab 程序代码如下:

$[N,Wc]=ellipord(Wp,Ws,Ap,As,'s');$

$[num,den] = ellip(N,Ap,As,Wc,'s');$

模拟椭圆低通滤波器设计仿真图如图 9.98 所示。

9.4.5　高通滤波器的设计

Matlab 实现:$[numt,dent] = lp2hp(num,den,W0)$

实例:设计满足下列条件的模拟巴特沃斯型高通滤波器 $f_p=3\ kHz,f_s=1\ kHz,A_p=$

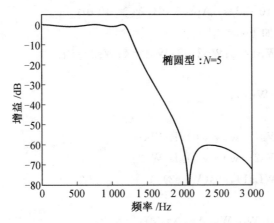

图 9.98　模拟椭圆低通滤波器设计仿真图

$1\ \mathrm{dB}, A_s = 60\ \mathrm{dB}$。

Matlab 程序代码如下：

Wp=1/(2 * pi * 3 000)；Ws=1/(2 * pi * 1 000)；Ap=1；As=60；

[N,Wc]=buttord(Wp,Ws,Ap,As,'s')；

[num,den] = butter(N,Wc,'s')；

[numt,dent] = lp2hp(num,den,1)；

omega=[Wp Ws]；omega = [0:10:12 000 * pi]；

h =freqs(numt,dent,omega)；

gain=20 * log10(abs(h))；plot(omega/(2 * pi),gain)；

axis([0,6 000,−70,5])

Butterworth 高通滤波器设计仿真图如图 9.99 所示。

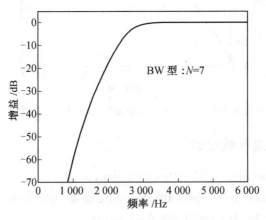

图 9.99　Butterworth 高通滤波器设计仿真图

9.4.6　带通滤波器的设计

Matlab 实现：[numt,dent] = lp2bp(num,den,W0,B)

实例：试设计一个满足下列指标的 BW 型带通滤波器 Wp1＝6 rad/s，Wp2＝8 rad/s，

Ws1＝4 rad/s,Ws2＝10 rad/s, Ap≤1 dB,As≥ 40 dB。

Matlab 程序代码如下：

```
Ap=1;As=40;Wp1=6;Wp2=8;Ws1=4;Ws2=10;
B=Wp2-Wp1;
W0=sqrt(Wp1 * Wp2);
Wp=1;
WLs1=(Ws1 * Ws1-w0 * w0)/B/Ws1;
WLs2=(Ws2 * Ws2-w0 * w0)/B/Ws2;
WLs=min(abs(WLs1),abs(WLs2));
Ws=WLs;
[N,Wc]=buttord(Wp,Ws,Ap,As,'s');
[num,den] = butter(N,Wc,'s');
[numt,dent] = lp2bp(num,den,W0,B);
w=linspace(2,12,1 000);
h=freqs(numt,dent,w);
plot(w,20 * log10(abs(h)));
```

Butterworth 带通滤波器设计仿真图如图 9.100 所示。

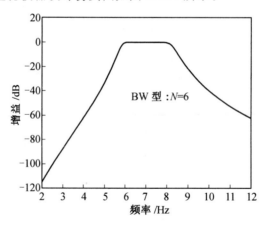

图 9.100　Butterworth 带通滤波器设计仿真图

9.4.7　带阻滤波器的设计

Matlab 实现:[numt,dent] = lp2bs(num,den,w0,B)

实例:试设计一个满足下列指标的 BW 型带阻滤波器 Ap＝1 dB,As＝20 dB,Wp1＝20;
Wp2＝40,Ws1＝29,Ws2＝31,Ap≤1 dB,As≥40 dB。

Matlab 程序代码如下：

```
Ap=1;As=20;Wp1=20;Wp2=40;Ws1=29;Ws2=31;
B=Ws2-Ws1;W0=sqrt(Ws1 * Ws2);
WLp1=B * Wp1/(W0 * W0-Wp1 * Wp1);
```

WLp2＝B * Wp2/(W0 * W0－Wp2 * Wp2);

WLp＝max(abs(WLp1),abs(WLp2));

[N,Wc]＝buttord(WLp,1,Ap,As,′s′);

[num,den] ＝ butter(N,Wc,′s′);

[numt,dent]＝lp2bs(num,den,W0,B);

w＝linspace(5,55,1 000);

h＝freqs(numt,dent,w);

plot(w,20 * log10(abs(h)));

axis([5,55,－100,5])

Butterworth 带阻滤波器设计仿真图如图 9.101 所示。

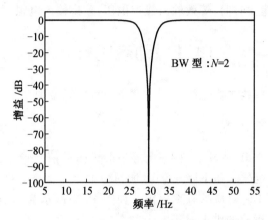

图 9.101　Butterworth 带阻滤波器设计仿真图

第10章　运算放大器的特性

在进行有源滤波器设计的电路中,核心器件是运算放大器,前几章介绍的电路得出的公式都是基于理想器件情况,但实际运算放大器中的有些参数是非线性的,如带宽、增益、输入电阻等,因此这些对滤波器输出会产生影响。因此需要了解运算放大器的特性,这一章主要介绍输入失调电压、输入偏置电流、输入失调电流、开环增益、共模抑制比、电源电压抑制比、输出峰-峰值电压、最大共模输入电压、最大差模输入电压、开环带宽、单位增益带宽、转换速率 SR、建立时间、等效输入噪声电压、差模输入电阻、共模输入电阻等。

10.1　动态特性

运算放大器的动态参数主要包括-3 dB 带宽、摆率、建立时间。

10.1.1　单位增益带宽

运放的闭环增益为 0 dB 条件下,将一个等幅的正弦小信号输入到运放的输入端,从运放的输出端测得闭环电压增益下降-3 dB 所对应的信号频率。注意运放的-3 dB 带宽都是指输入信号幅度小时对应的频率上限。如图 10.1 所示为小信号频率响应与增益的关系曲线,其中 V_s 是运放的供电电压。

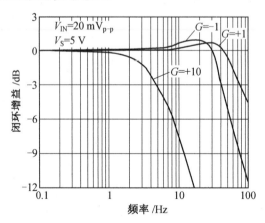

图 10.1　小信号频率响应与增益的关系曲线

从图 10.1 曲线可以看出,要注意两点:

(1)带宽随增益增加而减小。图 10.1 中在 $G=+1$ 时,-3 dB 带宽为 70 MHz;随着增益的增加,在 $G=10$ 时,带宽已经缩小至 4.6 MHz 左右,因此使用时必须注意这一点。

(2)输入信号必须是小信号。图 10.1 中给出了仅仅是输入信号幅度为 20 mV$_{p-p}$ 时的频率特性,若信号幅度继续减小,带宽基本不发生变化。反之,如果输入信号增加,则相应的带宽也相应减小,如图 10.2 所示,当输入信号幅度达到 $2V_{p-p}$ 时,带宽已经减小至 2 MHz。

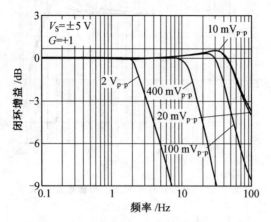

图 10.2　频率响应与输入信号幅度的关系曲线

　　−3 dB 带宽的关系曲线是在运放的输出负载为纯阻负载得到的,如果负载为电抗性负载时频率关系曲线也会发生变化,比如当运放负载为容性负载时,如图 10.3 所示。−3 dB 带宽也受其供电电压的影响,如图 10.4 所示,使用时也应该注意。

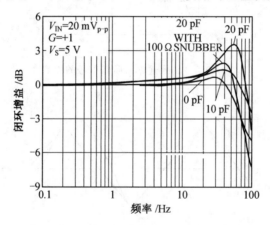

图 10.3　小信号频率响应与容性负载关系

10.1.2　转换速率

　　如果输入到运算放大器的信号频率逐渐增高,输出最后将畸变成图 10.5 和图 10.6,它们分别是输入阶跃信号和正弦信号时运放的输出波形。这种类型的畸变叫作转换速率限制,它是由与运算放大器有关的一些电容不能足够快地充电和放电造成的,这些电容可能是构成运算放大器内部电路的电容,也可能是外接电容。

　　测量时,将运放接成闭环,将一个大信号(含阶跃信号)输入到运放的输入端,从运放的输出端测得运放的输出上升速率定义为转换速率(Slew Rate),单位:V/μs,通常用 SR 表示,它反映了运放对于快速变化的输入信号的响应能力,速率与闭环增益无关。

　　在实际应用运放时,当输出电压有要求时,则要注意转换速率这个参数,当输入信号

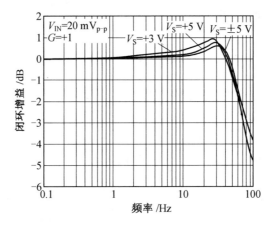

图 10.4　小信号频率响应与电源电压关系

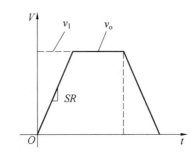

图 10.5　转换速率对阶跃信号的影响

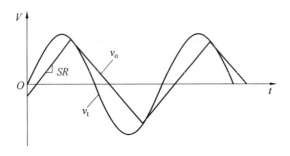

图 10.6　转换速率对正弦波的影响

频率过高或转换速率低时输出的波形将出现三角波形状,并且信号幅度也会相应减小,因此选择运放时为了满足输出的需要,则转换速率 SR 和输出电压峰值应满足如下关系式

$$SR \geqslant 2\pi f_c V_{omax} \tag{10.1}$$

式中,f_c 为使用的工作带宽上限值,单位 Hz;V_{omax} 为输出电压幅度,单位 V。

图 10.7 为 OP184 运放在输入信号频率为 1 MHz,幅度为 4 V 的正弦波,OP184 的转换速率为 4 V/μs。

从图 10.7 上可以看出,由于转换速率 SR 低造成输出波形发生畸变,因此为了保证输出电压为 4 V,则需提高 SR,并且 SR 应该满足

$$SR \geqslant 2\pi f_c V_{omax} = 2 \times \pi \times 1 \times 10^6 \times 4 = 25.12 \text{ V/μs} \tag{10.2}$$

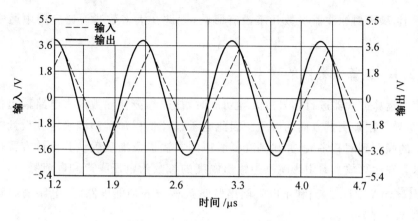

图 10.7　运放 OP184 仿真曲线

10.1.3　建立时间

在额定的负载情况下,运放的闭环增益为 1 倍条件下,将一个阶跃大信号输入到运放的输入端,使运放输出由 0 到开始稳定并保持在一个给定值的误差范围内(0.1% 或 0.01%)所需要的时间定义为建立时间(Setting Time)。产生的原因是运放内部存在补偿电容,造成在稳定时刻之前的波形非线性。

如果增益提高,则建立时间也随之加长。建立时间是一个很重要的指标,用于大信号处理中运放选型,如图 10.8 所示。

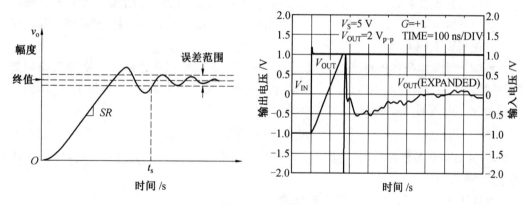

图 10.8　运算放大器的建立时间曲线

10.2　噪声特性

运算放大器的输出噪声不可能预先从输入信号和转移函数确切地知道。这些噪声来自外部,诸如电源的纹波电磁辐射以及 50 Hz 感应。运算放大器本身内的电阻和晶体管也是噪声源。运算放大器产生的噪声可在两个输入端用等效的噪声电压源和噪声电流源表示。这些噪声电压和噪声电流的影响可以类似失调电压和失调电流的计算方法计算出来,所不同的是噪声源与频率有关,而且是随机的。

实际上,噪声对滤波器参数几乎没有影响,因此在大多数滤波器应用中通常忽略不计。

10.2.1　运算放大器的噪声

在使用运算放大器进行信号放大等功能时,往往噪声会导致放大电路输出信号质量下降,甚至导致精确测量方面的误差。因此电子设计工程师希望能确定其设计方案在最差条件下的噪声到底有多大,并找到降低噪声的方法以及准确确认其设计方案可行性的测量技术。在运算放大器中影响噪声输出幅度的参数为电压噪声和电流噪声,单位分别为 $nV/\sqrt{Hz}$,$pA/\sqrt{Hz}$。当利用电阻网络与运放构成的功能电路时,电路输出噪声还与电阻的热噪声有关系。

10.2.2　比例电路的等效输入噪声计算

比例运算放大器经常应用于放大电路的前置级或其他各级电路中,但当用于前置级时,应对放大器的输出噪声进行计算,评估电路性能是否符合接收机的噪声指标要求。

要分析放大器电路的噪声性能,须明确噪声源,然后确定各噪声源对放大器的整体噪声性能是否有重大影响。为了简化噪声计算,可以用噪声频谱密度来代替实际电压,从而将带宽排除在计算公式之外。噪声频谱密度一般用 $nV/\sqrt{Hz}$ 表示,相当于 1 Hz 带宽中的噪声。图 10.9 所示的噪声模型具有 6 个独立的噪声源:3 个电阻的约翰逊噪声、运放电压噪声和放大器各输入端的电流噪声。每个噪声源都会贡献一定的输出端噪声。噪声一般折合到输入端(RTI),但计算折合到输出端(RTO)噪声往往更容易,然后将其除以噪声增益便得到 RTI 噪声。

约翰逊噪声由导体中电子的不规则运动而产生。由于运动会随着温度的升高而加剧,热噪声的幅度也会随温度的上升而提高。可将热噪声视为组件(如电阻器)电压的不规则变化。电阻的热噪声为

$$N_R=\sqrt{4kBTR} \tag{10.3}$$

式中,k 为玻尔兹曼常数(1.38×10^{-23}J/K);B 为带宽,单位 Hz;T 为绝对温度,单位 K;R 为电阻,单位 Ω。

电阻室温条件下的电阻热噪声近似为

$$e_R=\sqrt{4R} \tag{10.4}$$

式中,e_R 为电阻热噪声,单位 $nV/\sqrt{Hz}$;R 为电阻值,单位 kΩ。

等效输入噪声密度谱等于对输入端所有贡献的噪声密度的均方根值,包括电阻热噪声、电流噪声产生的电压、运放的电压噪声,单位 $nV/\sqrt{Hz}$。

对于典型的比例运算放大器电路形式,电路的噪声模型如图 10.9 所示。

则等效输入端噪声为

$$\mathrm{RTI_{NOISE}}=\sqrt{V_N^2+4kBTR_3+4kBT(R_1||R_2)+(I_{N+}R_3)^2+(I_{N-}R_1/\!/R_2)^2} \tag{10.5}$$

可以近似

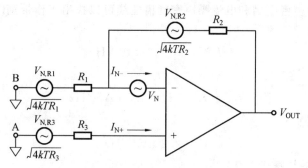

图 10.9　电路噪声分析模型

$$\mathrm{RTI_{NOISE}} \approx \sqrt{V_\mathrm{N}^2 + \left(4\sqrt{R_3}\right)^2 + \left(4\sqrt{R_1 /\!/ R_2}\right)^2 + (I_\mathrm{N+} R_3)^2 + (I_\mathrm{N-} R_1 /\!/ R_2)^2} \quad (10.6)$$

如果计算输出端噪声,则有

$$\mathrm{RTO_{NOISE}} = G \times \mathrm{RTI_{NOISE}} \quad (10.7)$$

式中,G 为放大电路增益。

　　例 10.1　设图 10.9 电路中的电阻 $R_2 = 30~\mathrm{k\Omega}$,$R_2 = 2~\mathrm{k\Omega}$,$R_1 = 1.87~\mathrm{k\Omega}$,运算放大器选择 ADA4841,噪声曲线如图 10.10 所示,电路工作频率范围 $10 \sim 20~\mathrm{kHz}$。计算等效输入噪声和电路的输出噪声。

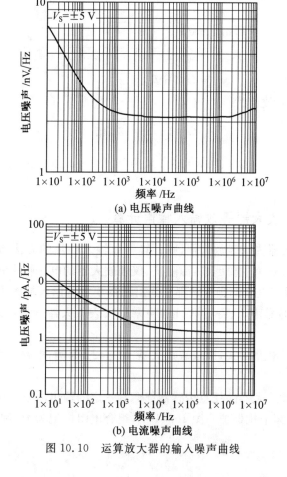

(a) 电压噪声曲线

(b) 电流噪声曲线

图 10.10　运算放大器的输入噪声曲线

解　从电压噪声密度谱和电流噪声密度谱曲线可以找出工作带宽内的数值：
带宽

$$BW = 20 - 10 = 10 \text{ kHz}$$

电流噪声密度

$$I_{N+} = I_{N-} = I_N = 1.5 \text{ pA}/\sqrt{\text{Hz}}$$

电压噪声密度

$$V_n = 2.2 \text{ nV}/\sqrt{\text{Hz}}$$

(1)计算电阻的热噪声。

电阻 R_1 和 R_2 等效的热噪声为

$$E_{R12} = 4\sqrt{R} = 42 = 4\sqrt{1k /\!/ 30k} \approx 4.0 \text{ nV}/\sqrt{\text{Hz}} \tag{10.8}$$

电阻 R_3 等效的热噪声为

$$E_{R3} = 4\sqrt{R_3} = 4\sqrt{1.87} \approx 1.37 \text{ nV}/\sqrt{\text{Hz}} \tag{10.9}$$

(2)电流噪声在电阻上产生的电压噪声密度谱

$$E_{IR12} = I_N(R_1 /\!/ R_2) = 1.5 \times 10^{-12} \times (1k /\!/ 30k) = 1.5 \text{ nV}/\sqrt{\text{Hz}} \tag{10.10}$$

$$E_{IR3} = I_N R_3 = 1.5 \times 10^{-12} \times 1.87 \times 10^3 \times 10^9 = 2.8 \text{ nV}/\sqrt{\text{Hz}} \tag{10.11}$$

(3)总噪声密度谱

$$\begin{aligned} \text{RTI}_{\text{NOISE}} &= \sqrt{V_n^2 + N_{IR}^2 + N_R^2} \\ &= \sqrt{2.2^2 + (1.5^2 + 2.8^2) + (4.0^2 + 1.37^2)} \\ &= 5.7 \text{ nV}/\sqrt{\text{Hz}} \end{aligned} \tag{10.12}$$

(4)总输出噪声有效值为

$$G = 1 + \frac{R_2}{R_1} = 31 \text{ 倍} \tag{10.13}$$

$$\text{RTO}_{\text{NOISE}} = \text{RTI}_{\text{NOISE}} \times G \times \sqrt{BW} = 5.7 \times 10^{-3} \times 31 \times \sqrt{20\,000 - 10\,000} = 17.7 \text{ } \mu\text{V} \tag{10.14}$$

10.2.3　仪表放大器等效输入噪声计算

如果选择的放大器为仪表放大器，则计算等效输入噪声的方法略有不同。仪表放大器等效输入噪声包含三个主要因素：源阻抗、仪表放大器的电压噪声和仪表放大器的电流噪声。输入(RTI)噪声是全部噪声源都作为出现在放大器输入端的源进行计算。要算出放大器输出端(RTO)噪声，只需用 RTI 噪声乘以仪表放大器的增益即可，方法同上一小节。

对于仪表放大器电路形式，以仪表放大器 AD8421 为例，电路的噪声模型如图 10.11 所示。

连接至仪表运算放大器的任意传感器都会有一定的输出电阻。输入端可能有串联电阻，以提供过压或射频干扰保护。图 10.11 中，组合电阻标记为 R_1 和 R_2。

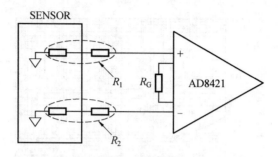

图 10.11　仪表放大器的噪声等效模型

（1）源阻抗电阻噪声计算。

$$E_R=\sqrt{E_{R1}^2+E_{R2}^2}=\sqrt{\left(4\sqrt{R_1}\right)^2+\left(4\sqrt{R_2}\right)^2} \tag{10.15}$$

电阻单位为 kΩ。

（2）仪表放大器的电压噪声计算。

仪表放大器的电压噪声由 3 个参数求得：器件输出噪声、输入噪声和 R_G 电阻噪声。其计算公式为

$$E_V=\sqrt{(\text{OutputNoise}/G)^2+(\text{InputNoise})^2+\left(4\sqrt{R_G}\right)^2} \tag{10.16}$$

式中，G 为仪表放大电路增益，单位倍数；OutputNoise 为仪表放大器的输出噪声，单位 $\text{nV}/\sqrt{\text{Hz}}$；InputNoise 为仪表放大器的输入噪声，单位 $\text{nV}/\sqrt{\text{Hz}}$；$R_G$ 为仪表放大器的增益电阻，单位 kΩ。

（3）仪表放大器的电流噪声计算。

源阻抗将电流噪声转换为一个电压。电流噪声的影响可以通过将特定的仪表放大器电流噪声乘以源阻抗值计算得到，单位 $\text{nV}/\sqrt{\text{Hz}}$，即

$$E_I=\sqrt{E_{IR1}^2+E_{IR2}^2}=\sqrt{(I_N R_1)^2+(I_N R_2)^2} \tag{10.17}$$

式中，I_N 是电流噪声密度谱，单位 $\text{pA}/\sqrt{\text{Hz}}$；电阻单位为 kΩ。

（4）总的等效输入噪声计算

$$\text{RTI}_{\text{NOISE}}=\sqrt{E_R^2+E_V^2+E_I^2} \tag{10.18}$$

单位为 $\text{nV}/\sqrt{\text{Hz}}$。

例 10.2　假设噪声模型电路中，仪表放大器选择 AD8421，放大器同相输入端的传感器和保护组合电阻为 4 kΩ，反相输入端的传感器保护组合电阻为 1 kΩ，增益电阻为 100 Ω（增益为 100 倍），工作频率范围为 1～2 kHz，计算该放大电路的等效输入噪声。

解　（1）输入电阻的总噪声为

$$E_R=\sqrt{E_{R1}^2+E_{R2}^2}=\sqrt{\left(4\sqrt{R_1}\right)^2+\left(4\sqrt{R_2}\right)^2}=\sqrt{\left(4\sqrt{4}\right)^2+\left(4\sqrt{1}\right)^2}=8.9\ \text{nV}/\sqrt{\text{Hz}} \tag{10.19}$$

（2）电流噪声。在电阻上产生的总噪声电压。在计算该噪声时，需要在手册中查询电流噪声的数值，如图 10.12 所示。

$$E_I=\sqrt{E_{IR1}^2+E_{IR2}^2}=\sqrt{(I_N R_1)^2+(I_N R_2)^2}=\sqrt{(4\times0.2)^2+(1\times0.2)^2}=0.8\ \text{pA}/\sqrt{\text{Hz}} \tag{10.20}$$

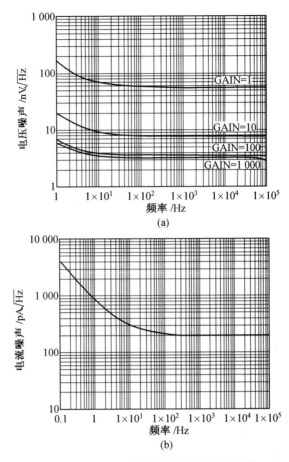

图 10.12　AD8421 电压噪声和电流噪声曲线

（3）电压噪声。一般情况，输入电压噪声在手册的曲线中可以查到，如图 10.12 所示。

$$E_V = \sqrt{(60/100)^2 + (3.2)^2 + \left(4\sqrt{0.1}\right)^2} = 3.2 \text{ nV}/\sqrt{\text{Hz}} \qquad (10.21)$$

（4）总的等效输入噪声为

$$\text{RTI}_{\text{NOISE}} = \sqrt{8.9^2 + 3.5^2 + 0.8^2} = 9.6 \text{ nV}/\sqrt{\text{Hz}} \qquad (10.22)$$

10.3　直流特性

运算放大器的直流参数主要包括输入失调电压、输入失调电流、输入偏置电流、开环增益。

10.3.1　输入失调电压

在理想运算放大器中，如果输入信号为零则输出信号也为零。然而实际的运算放大器中，由于电路元器件不是理想的，输出端仍有一个直流电压。为了使输出电压为零，在输入端加入补偿电压，这个补偿电压定义为输入失调电压（Input Offset Voltage）。范围

一般在 $\pm 1 \sim 10$ mV。失调电压电路模型如图 10.13 所示。

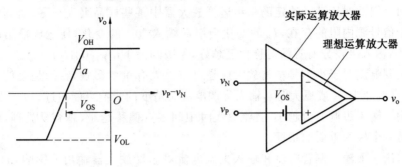

图 10.13　失调电压电路模型

实际运算放大器中,为了能够使在输入电压为 0 的情况下,保证输出为 0,通常情况下在内部的管子输入端串联一个电压源 V_{os},因此实际输出为

$$V_o = \alpha(V_P + V_{os} - V_N) \tag{10.23}$$

那么这个 V_{os} 就是失调电压。

在大多数滤波器应用中,直流点的响应不是关键性的,所以失调电压是无所谓的。但是,在某些应用中滤波器的直流响应可能是很重要的,必需保持准确。这种情况下可以用在运算放大器的输入端加一个小的直流电压,并用调节该电压的幅度和极性使之当输入端接地时输出电压为零的方法来减小失调电压。或者选择失调电压尽量小的运算放大器。然而,即使这样调零以后,由于温度和老化影响,输出失调电压仍会有漂移。

10.3.2　输入偏置电流

对于理想运算放大器,其输入阻抗是无穷大,因而没有电流流过输入端。而实际运算放大器在输入级为差分电路,但左右两边的三极管很难做到严格对称性,因此两个管子之间存在着不可避免的非对称性,那么两个管子的基极输入电流(运算放大器的同相输入端电流和反向端电流)I_P 和 I_N 也就必然存在着非对称,取两电流的均值称为输入偏置电流(Input Bias Current)。

$$I_B = \frac{I_P + I_N}{2} \tag{10.24}$$

对于不同的运算放大器,I_B 值的范围是 $10^{-15} \sim 10^{-9}$ A。

对于一些应用,偏置电流可能会产生值得注意的误差。因此实际中要求输入偏置电流越小越好,越小则输出的误差就越小。输入偏置电流与制造工艺有一定关系,其中双极型工艺(即上述的标准硅工艺)的输入偏置电流在 ± 10 nA ~ 1 μA;采用场效应管做输入级的,输入偏置电流一般低于 1 nA。

10.3.3　输入失调电流

运算放大器的同相输入端电流和反向端电流的差值定义为输入失调电流(Input Offset Current),即

$$I_{os} = I_P - I_N \tag{10.25}$$

I_{os} 的幅度量级通常要比 I_B 小。I_B 的极性取决于输入晶体管类型，而 I_{os} 极性则取决于失配方向。因此对于某一给定的一组运算放大器中某些样品会大于零，而其他的则小于零。由于信号源内阻的存在，I_{os} 的变化会引起输入电压的变化，使运放输出电压不为零。I_{os} 越小，输入级差分对管的对称程度越好，一般约为 $1\,nA \sim 0.1\,\mu A$。

输入失调电流对于小信号精密放大或是直流放大有重要影响，特别是运放外部采用较大的电阻（例如 $10\,k$ 或更大时），输入失调电流对精度的影响可能超过输入失调电压对精度的影响。输入失调电流越小，直流放大时中间零点偏移越小，越容易处理，所以对于精密运放是一个极为重要的指标。

现在讨论一下输入偏置电流和输入失调电流对运算放大器输出的影响，如图 10.14 所示电路，令输入信号为 0，即不考虑输入信号对运算放大器输出影响。

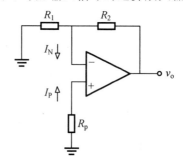

图 10.14　输入失调电流和偏置电流对输出的影响

同相输入端的电压

$$V_p = -R_p I_P \tag{10.26}$$

可以利用叠加定理计算输出电压

$$V_o = \left(1+\frac{R_2}{R_1}\right)V_p + R_2 I_N$$
$$= R_2 I_N - \left(1+\frac{R_2}{R_1}\right)R_p I_p$$
$$= \left(1+\frac{R_2}{R_1}\right)\left[(R_1||R_2)I_N - R_p I_p\right] \tag{10.27}$$

从上式可以得出以下几个结论：

（1）尽管没有任何输入信号，电路仍能输出电压，因此这个输出可以当成一个误差，或更贴切地将它称为输出直流噪声。

（2）电路输出电压可考虑是由某个输入误差或称为输入直流噪声经放大 $1+\frac{R_2}{R_1}$ 倍而得到的，这样就可以将这个放大倍数贴切地称为直流噪声增益。

（3）输入误差是由两部分组成的，由 I_P 流经 R_p 所产生的电压降 V_p 以及由 I_N 流经 $R_1||R_2$ 并联所产生的电压降 $R_1||R_2 I_N$。

既然这两部分的极性相反，那么它们就有互为补偿的趋势。

对于某些应用来说，误差电压可能会无法接受，从而必须采用适当的方法把它降至可以接受的水平。将式（10.27）表示成如下表达式

$$V_{o} = \left(1+\frac{R_2}{R_1}\right)\left\{\left[(R_1 \| R_2) - R_p\right]\frac{I_N + I_P}{2} - \left[(R_1 \| R_2) + R_p\right]\frac{I_N - I_P}{2}\right\}$$

$$= \left(1+\frac{R_2}{R_1}\right)\left\{\left[(R_1 \| R_2) - R_p\right]I_B - \left[(R_1 \| R_2) + R_p\right]\frac{I_{os}}{2}\right\} \tag{10.28}$$

现假设

$$R_p = R_1 \| R_2 \tag{10.29}$$

则 V_o 变为

$$V_o = -\left(1+\frac{R_2}{R_1}\right)\left[(R_1 \| R_2) + R_p\right]\frac{I_{os}}{2}$$

$$= -\left(1+\frac{R_2}{R_1}\right)(R_1 \| R_2)I_{os} \tag{10.30}$$

从上式可以看出,此时的输出电压仅与运放参数中的 I_{os} 有关系,由于 I_{os} 的数值比运放的输入电流都小。同时如果放大电路的增益降低或者通过缩小所有的电阻可以进一步降低 V_o。但是当缩小电阻时,电路的整体功率耗散将会增加,因此实际中需要进行折衷。如果 V_o 仍然无法接受,可以选择具有更低 I_{os} 值的运算放大器以满足实际要求,当然也可以外加辅助电路进一步减小 V_o。

10.3.4　开环增益

当一个理想运算放大器采用开环方式工作时,其输出与输入电压的关系式如下:

$$V_{out} = \alpha(V_P - V_N) \tag{10.31}$$

式中,α 为运算放大器的开环增益;V_P 为运算放大器同相输入电压;V_N 为运算放大器反相输入电压。

开环增益的测试条件是工作在线性区,接入额定负载,无反馈;该参数与输出电压大小有关系,详见运算放大器的技术手册。由于运算放大器的开环增益非常高,因此就算输入端的差动信号很小,仍然会使输出信号"饱和",进入非线性区,波形发生畸变。

开环增益越大越好,现分析其原因,如图 10.15 所示。

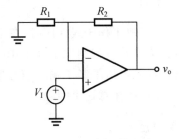

图 10.15　比例运算电路

由图上可以看出

$$v_p = v_I \tag{10.32}$$

而

$$v_N = \frac{R_1}{R_1 + R_2}v_o \tag{10.33}$$

因此有

$$v_o = \alpha(v_p - v_N) = \alpha\left(v_I - \frac{1}{1+R_2/R_1}v_o\right) \tag{10.34}$$

电路增益为

$$A = \frac{v_o}{v_I} = \left(1+\frac{R_2}{R_1}\right)\frac{1}{1+(1+R_2/R_1)/\alpha} \tag{10.35}$$

理想的闭环增益为

$$A_{ideal} = \lim_{\alpha\to\infty}A = 1+\frac{R_2}{R_1} \tag{10.36}$$

因此可以看出开环增益越大越好。

10.4　输入特性

运算放大器的输入参数主要包含共模输入电阻,差模输入电阻、最大共模输入电压、最大差模输入电压、共模抑制比。

10.4.1　共模输入电阻

共模输入电阻定义为,运放工作在共模输入信号时(即运放两输入端输入同一个信号),共模输入电压的变化量与对应的输入电流变化量之比。通常,运放的共模输入电阻比差模输入电阻高很多,典型值在 $10^8\,\Omega$ 以上。

10.4.2　差模输入电阻

差模输入电阻定义为,运放工作在线性区时,两输入端的电压变化量与对应的输入端电流变化量的比值。一般产品也仅仅给出输入电阻。采用双极型晶体管做输入级运放的输入电阻不大于 $10^6\,\Omega$;场效应管做输入级运放的输入电阻一般大于 $10^9\,\Omega$。

10.4.3　最大共模输入电压

最大共模输入电压定义为,当运放工作于线性区时,在运放的共模抑制比特性显著变坏时的共模输入电压。一般定义为当共模抑制比下降 6 dB 时所对应的共模输入电压作为最大共模输入电压。最大共模输入电压限制了输入信号中的最大共模输入电压范围,在有干扰的情况下,需要在电路设计中注意这个问题。

10.4.4　最大差模输入电压

最大差模输入电压定义为,运放两输入端允许加的最大输入电压差。当运放两输入端允许加的输入电压差超过最大差模输入电压时,可能造成运放输入级损坏。

10.4.5　共模抑制比

为了说明差分放大电路抑制共模信号及放大差模信号的能力,常用共模抑制比作为一项技术指标来衡量,其定义为放大器对差模信号的电压放大倍数 A_d 与对共模信号的

电压放大倍数 A_c 之比,称为共模抑制比,英文全称是 Common Mode Rejection Ratio,因此一般用简写 CMRR 来表示,符号为 K_{CMR},单位是分贝(dB)。

$$K_{CMR} = 20\lg\left(\frac{A_d}{A_c}\right) \tag{10.37}$$

差模信号电压放大倍数 A_d 越大,共模信号电压放大倍数 A_c 越小,则 CMRR 越大。此时差分放大电路抑制共模信号的能力越强,放大器的性能越优良。当差动放大电路完全对称时,共模信号电压放大倍数 $A_c = 0$,则共模抑制比 CMRR→∞,这是理想情况,实际上电路完全对称是不存在的,共模抑制比也不可能趋于∞。

关于运放的输出参数(包括输出电压摆动、最大输出电流)、供电参数(包括供电电压范围、静态电流、电源抑制比等)等参数因为比较容易理解,因此在这里不再进行介绍了。

参考文献

[1] ARTHUR B W. 模拟滤波器与电路设计手册[M]. 北京:电子工业出版社,2016.

[2] 三谷政昭. 模拟滤波器设计[M]. 北京:科学出版社,2014.

[3] 丁士坼. 模拟滤波器[M]. 哈尔滨:哈尔滨工程大学出版社,2004.

[4] ARTHUR B W. 电子滤波器设计[M]. 北京:科学出版社,2008.

[5] 哥宾德. 有源滤波器综合与设计原理[M]. 北京:人民邮电出版社,1986.

[6] 阿瑟. 电子滤波器设计手册[M]. 北京:电子工业出版社,1986.

[7] 哈里. 模拟和数字滤波器设计与实现[M]. 北京:人民邮电出版社,1985.

[8] 约翰逊. 有源滤波器精确设计手册[M]. 北京:电子工业出版社,1984.

[9] 加博. 现代滤波器理论与设计[M]. 北京:人民邮电出版社,1984.

[10] 希尔本. 有源滤波器设计手册[M]. 北京:地质出版社,1980.

[11] 北方交通大学电信系. 有源滤波器[M]. 北京:人民铁道出版社,1979.

[12] 黄席椿. 滤波器综合法设计原理[M]. 北京:人民邮电出版社,1977.

[13] 刘卫国. Matlab 程序设计与应用[M]. 北京:高等教育出版社,2017.

[14] 杜勇. 数字滤波器的 Matlab 与 FPGA 实现[M]. 北京:电子工业出版社,2015.

[15] 陈怀琛. Matlab 及在电子信息课程中的应用[M]. 北京:电子工业出版社,2013.

[16] 温正,丁伟. Maltab 应用教程[M]. 北京:清华大学出版社,2016.

[17] 孙康明. EDA 技术及应用项目化教程:基于 Multisim 的电路仿真分析[M]. 北京:机械工业出版社,2023.

[18] 翟红. 电子 EDA 技术 Multisim[M]. 北京:电子工业出版社,2021.

[19] 熊伟. 基于 Multisim 14 的电路仿真与创新[M]. 北京:清华大学出版社,2021.

[20] 姚天任,江太辉. 数字信号处理[M]. 武汉:华中科技大学出版社,2016.

[21] 胡广书. 现代信号处理教程[M]. 北京:清华大学出版社,2015.